Heidelberger Taschenbücher Band 133

E. O. Wilson · W. H. Bossert

Einführung in die Populationsbiologie

Übersetzt von K. de Sousa Ferreira, Heidelberg
und bearbeitet von Dr. U. Jacobs, München

Mit 42 Abbildungen und 13 Tabellen

Springer-Verlag
Berlin · Heidelberg · New York 1973

ISBN-13:978-3-540-06328-5   e-ISBN-13:978-3-642-65635-4
DOI: 10.1007/978-3-642-65635-4

Das Werk ist urheberrechtlich geschützt. Die dadurch begründeten Rechte, insbesondere die der Übersetzung, des Nachdruckes, der Entnahme von Abbildungen, der Funksendung, der Wiedergabe auf photomechanischem oder ähnlichem Wege und der Speicherung in Datenverarbeitungsanlagen bleiben, auch bei nur auszugsweiser Verwertung, vorbehalten.

Bei Vervielfältigungen für gewerbliche Zwecke ist gemäß § 54 UrhG eine Vergütung an den Verlag zu zahlen, deren Höhe mit dem Verlag zu vereinbaren ist.

Die Wiedergabe von Gebrauchsnamen, Handelsnamen, Warenbezeichnungen usw. in diesem Werk berechtigt auch ohne besondere Kennzeichnung nicht zu der Annahme, daß solche Namen im Sinne der Warenzeichen- und Markenschutz-Gesetzgebung als frei zu betrachten wären und daher von jedermann benutzt werden dürften.

© by Springer-Verlag Berlin · Heidelberg 1973
Library of Congress Catalog Card Number 73-80867

Herstellung: Oscar Brandstetter Druckerei KG, 62 Wiesbaden

Zum Geleit

In dem Bestreben, das explosionsartig anwachsende Wissen auf dem Gebiet der Biologie in übergeordneten Kategorien neu zu sichten und zu ordnen, kommt der Population ein wachsendes Gewicht als Integrationsstufe des Lebendigen zu, vergleichbar in ihrer Bedeutung etwa dem Organismus und der Zelle. Diese integrierende Betrachtungsweise ermöglicht es, üblicherweise meist getrennt behandelte, populationsbezogene Sparten der Biologie, nämlich Evolution, Populationsgenetik und Ökologie, gemeinsam zu behandeln und sonst vernachlässigte Querverbindungen und Zusammenhänge aufzuzeigen. Eine solche Zusammenschau für deutsche Leser in einem nicht anspruchslosen Einführungsbuch zugänglich zu machen, scheint mir ein Hauptverdienst der vorliegenden Übersetzung zu sein.
Die Konzentration auf das Thema Population bringt es naturgemäß mit sich, daß für einige ökologische Aspekte wie etwa Toleranz, Präferenz, Akklimatisation und Sozialverhalten, die kausal eher von der Physiologie und Ethologie des Individuums her zu verstehen und erklären sind, wenig oder kein Platz bleibt. Ähnliches gilt für das Thema Evolution, wenn z.B. die Behandlung der Anpassungserscheinungen der Individuen zurücktritt hinter der formalen Darlegung ihrer quantitativen Rolle als Mitglieder der Population. Solche Einschränkungen sind jedoch kaum als Nachteil zu werten, sie demonstrieren eher die enorme Bandbreite dessen, was heute unter den Namen Ökologie und Evolution zusammengefaßt wird. Um so begrüßenswerter ist es, daß der enge Konnex zwischen diesen beiden großen Bereichen der Biologie mehrfach hervorgehoben wird, wie etwa durch die Diskussion neuester Ideen über den Zusammenhang zwischen Evolution und Heterogenität der Umwelt. Auch neuere Entwicklungen der Populationsökologie, in deutschsprachigen Büchern meist vernachlässigt, z.B. Kolonisierungs- und Nischentheorie sowie Probleme des Artengleichgewichtes, werden dem Leser eindringlich vorgestellt.

Das Buch betont modellhafte, mathematisch formulierbare Vorstellungen und bedient sich häufig der deduktiven Methodik. Dieser Ansatz bietet sich schon vom Material her in zweierlei Hinsicht an: Einmal haben wir es sowohl in der Populationsgenetik als auch in der Populationsökologie primär mit Zahlen zu tun: Allelhäufigkeiten, Populationsgrößen, ihre zeitlichen und räumlichen Veränderungen. Mathematische Formulierungen sind hier weniger ein Hilfswerkzeug als vielmehr der einzig adäquate Ausdruck. Zum anderen stehen die Populationen unter dem Einfluß einer außerordentlich großen Zahl auf sie wirkender, teilweise voneinander unabhängiger Faktoren. Angesichts eines solchen multifaktoriellen Systems liegt es bei einem einführenden Buch in der Tat nahe, zunächst die einzelnen wirksamen Prinzipien herauszugreifen und ihre relativ einfachen Gesetzmäßigkeiten und darauf basierenden Erwartungen quantitativ zu formulieren. Das multiple Zusammenwirken mehrerer Prinzipien kann dann freilich zu bemerkenswert vielfältigen Populationsgeschehnissen führen. Das Ergebnis dieser Darstellungsweise ist eine intellektuell äußerst anregende und herausfordernde Lektüre.

Besonders erfreulich sind die häufig im Text einbezogenen Aufgaben, die den Leser auffordern, seine neu erworbene Kompetenz selbst zu testen. Literaturhinweise am Ende des Buches erlauben das weitere Eindringen in den gebotenen Stoff. Das Buch erfordert keine speziellen Kenntnisse aus anderen Bereichen der Biologie oder Mathematik über das Gymnasialniveau hinaus. Soweit nötig, wird zusätzlich Information auf anderen Gebieten, z. B. Genetik, geboten. Somit ist das Buch als Begleittext für die Kollegstufe an Gymnasien, für einführende Lehrveranstaltungen an der Universität und neben ausführlicheren und fortgeschritteneren Lehrbüchern auch für spezielle Vorlesungen in Ökologie, Evolution und Populationsgenetik geeignet und als solcher wärmstens zu empfehlen.

München, Juli 1973   JÜRGEN JACOBS

Inhaltsverzeichnis

Kapitel I. Wie lernt man Populationsbiologie? 1

Eine quantitative Betrachtungsweise ist notwendig . . 1
Wieviel Genetik und Mathematik braucht man? . . . 3
Wie konstruiert man ein mathematisches Modell? . . 7

Kapitel II. Populationsgenetik 13

Definition der Evolution 13
Merkmale der Mutationen 15
Größe der Mutationen 26
Stabilität der Genfrequenzen 28
Bedeutung der geschlechtlichen Vermehrung 33
Evolutionsfaktoren 34
Mutationsdruck 36
Meiotic Drive 40
Genfluß 40
Natürliche Selektion: Allgemeine Prinzipien 42
Gerichtete Selektion: Quantitative Theorie 47
Gemeinsame Wirkung von Mutation und Selektion . . 55
Gemeinsame Wirkung von Genfluß und Selektion . . 56
Balancierter Polymorphismus 57
Genetische Last 61
Evolution in heterogener Umwelt 64
Erblichkeit und polygene Vererbung 68
Das fundamentale Theorem der natürlichen Selektion . 70
Genetische Drift 74
Die Etablierung neutraler Gene 80

Kapitel III. Ökologie 83

Die Population als Grundeinheit der Ökologie 83
Das Wachstum der Populationen 84

r- und K-Selektion 98
Demographie 100
Feinde 116
Nahrungssystem und Populationsstabilität. 127
Ein Maß für die Mannigfaltigkeit der Arten 132
Energieumsatz und Energiefluß in Ökosystemen . . . 134
Konkurrenz. 141

Kapitel IV. Biogeographie: Theorie des Gleichgewichts
        der Arten 150

Die Areal-Arten-Kurve 150
Das Gleichgewichtsmodell 152
Bedeutung von Arealgröße und Entfernung 159

Literaturhinweise 164
Sach- und Namenverzeichnis 165

Kapitel I. Wie lernt man Populationsbiologie?

Eine quantitative Betrachtungsweise ist notwendig

Der Leser, der noch über keine großen Erfahrungen in der Mathematik und der Anwendung mathematischer Lösungsverfahren verfügt, mag beim ersten Durchblättern dieses Buches den Eindruck gewinnen, daß er es mit einer fortgeschrittenen und verhältnismäßig schwierigen Materie zu tun hat. Das entspricht jedoch keineswegs dem wirklichen Sachverhalt. Der hier behandelte Stoff ist elementar, und er ist gleichzeitig die Grundlage für das Verständnis eines Großteils der Evolutionsbiologie. Die Methoden, die wir verwandt haben, sind im wesentlichen Entwicklungen mathematischer Modelle, Meßtechniken und Lösungsverfahren. Als Lehrer sind wir der Überzeugung, daß sowohl derjenige, der sich erst mit der Biologie zu beschäftigen beginnt, als auch der, der bereits tiefer in die Problematik eingedrungen ist, sich die Mahnung Lord Kelvins zu Herzen nehmen sollte, daß „wir nicht wissen, wovon wir reden, solange wir es nicht gemessen haben". Zwar wäre es ungerechtfertigt und übertrieben, wollten wir dieses Diktum anwenden, doch haben wir festgestellt, daß ein großer Teil der Verwirrung und der Mißverständnisse in der zeitgenössischen Literatur über Evolutionstheorie und Ökologie, über Gebiete also, die mehr als ihr gerütteltes Maß an Polemik erfahren haben, immer dann entsteht, wenn die Streitenden über keine meßbaren Daten verfügen.

Schon in der Vergangenheit war es gewöhnlich so, daß ein Fortschritt besonders dann erzielt wurde, wenn es möglich geworden war, Ideen von einer Reihe von Parametern und Beziehungen zu abstrahieren, die sich zu Modellen entwickeln ließen, oder wenn neue Meßtechniken gefunden wurden. Dieses hat sich in der Geschichte der Naturwissenschaften immer wieder bestätigt, und es liegt kein Grund zu der Annahme vor, daß sich irgendein Teil der Biologie als Ausnahme erweisen könnte. Für den Studenten, der Ideen erlernen möchte, gibt es nur einen erfolgversprechenden Weg: er muß die Gleichungen, die diese Ideen beschreiben, von den ersten Prinzipien her und von Anfang an ableiten können. Er kann sein Verständnis schließlich daran testen, ob er aufgrund dieser Fähigkeit numerische Probleme lösen kann. Dort, wo solche quantitativen

Hilfsmittel noch nicht zur Verfügung stehen, bedeutet ihre Erforschung eine Herausforderung an den theoretischen Biologen.

Dieses Buch ist nicht schwierig. Es ist so geschrieben, daß sein Inhalt relativ schnell zu erlernen ist, selbst ohne zusätzliche Hilfe – obwohl die Hilfe von Lehrern immer von Vorteil ist. Sechs Jahre lang sind Harvardstudenten, die den Grundkurs in Evolutionsbiologie belegt hatten, anhand von Skripten des Kapitels II dieser Einführung mit der Populationsgenetik bekannt gemacht worden. Buchstäblich alle erarbeiteten den Stoff selbständig, ohne besondere Vorbereitung und ohne Vorlesungen über dieses Gebiet. Es zeigte sich, daß sie in der zweiten Hälfte des Kurses in der Lage waren, Vorlesungen und Lehrbücher über fortgeschrittenere Themen durchzuarbeiten. In begrenztem Rahmen lassen in jüngster Zeit gemachte Versuche vermuten, daß dasselbe auch mit den Einführungen in die Ökologie und in die Theorie über das Gleichgewicht der Arten, die das Thema der Kapitel III und IV bilden, erreicht werden kann.

Doch besteht noch ein weiterer zwingender Grund dafür, elementare Populationsbiologie auf diese Weise zu vermitteln. Zahlreiche Biologielehrer finden es keinesfalls leicht, Biologiestudenten mathematische Methoden nahezubringen oder ihnen gar Ratschläge zu erteilen, welche Mathematikkurse sie belegen sollen. Wir haben die Feststellung gemacht, daß die Ursache dafür nicht so sehr darin liegt, daß die Mathematik an sich schwierig ist, sondern daß es vielmehr eine Frage der relevanten Anwendung ist. Ein eifriger Student mag sich zwar vielleicht zu fortgeschrittenen Methoden der Differential- und Integralrechnung und der Statistik durcharbeiten, doch kann es sein, daß er dann immer noch nicht in der Lage ist, vernünftig über die einfachsten Probleme der Populationsbiologie nachzudenken. Analog hat ein Mathematikstudent, der sich der Populationsbiologie zuwenden möchte, häufig große Schwierigkeiten, die Probleme so zu sehen, daß sie seinen analytischen Fähigkeiten zugänglich sind. Das fehlende Glied ist, so glauben wir, jener erste schöpferische Schritt – die Aufstellung eines Modells zur Beschreibung des biologischen Problems. Um einen Stoff wirklich verstehen zu können, müssen wir ein Gefühl dafür bekommen, wie der Theoretiker arbeitet. Tatsächlich benutzen die theoretischen Biologen nur wenige, verhältnismäßig einfache Gedankengänge, die wir begreifen und vollauf verstehen können, wenn wir sie selbst anwenden. Wenn wir erst einmal gelernt haben, uns mit dem Stoff auf dieser Ebene auseinanderzusetzen, werden wir alle Scheu vor ihm verlieren. Dann können Begriffe zu Herausforderungen werden, die uns bestechende Ergebnisse verheißen, und es mag sich sogar zeigen, daß Mathematik Spaß macht! Mit diesem Buch wollen wir versuchen, diese Erfahrung zu vermitteln.

Jetzt ist es an der Zeit, eine wesentliche Einschränkung zu machen, auf die bei jeder Einführung in die Populationsbiologie hingewiesen werden muß. Praktisch alle Aussagen, die der Leser in diesem Buch findet, sind bewußte Vereinfachungen. Nur wenige der Formeln lassen sich direkt zu exakten Vorhersagen von Ereignissen in der Natur verwenden. Dies wird schon sehr bald deutlich, wenn wir beim Durcharbeiten des Kapitels über Populationsgenetik lernen, daß evolutionäre Vorgänge gewöhnlich von vielen Faktoren abhängig sind, einschließlich zufälliger Veränderungen der Genhäufigkeiten bei der Reproduktion. Dennoch erlaubt uns dieses erste abstrakte Wissen, in vielen Fällen verhältnismäßig genaue Vorhersagen zu machen, und es wird uns unmittelbar ein gutes Verständnis für die Grundlagen der Populationsbiologie vermitteln. Um diesen zweiten Punkt zu verdeutlichen, wollen wir im folgenden als Einführung einen der fundamentalsten Begriffe der Ökologie behandeln: die logistische Kurve des Populationswachstums. Vorher jedoch sollte der Leser, wenn er nicht sicher ist, ob seine Vorkenntnisse in Genetik und Mathematik ausreichen, den nächsten Abschnitt lesen, wo er Näheres über das auf diesen beiden Gebieten nötige Grundwissen erfährt.

Wieviel Genetik und Mathematik braucht man?

Der Student, der über Kenntnisse der Mendelschen Genetik verfügt, wie sie in einführenden Kursen und oft auch schon in der Schule vermittelt werden, dürfte der Behandlung des Themas in dem Abschnitt über Populationsgenetik ohne Schwierigkeiten folgen können.
Was die Mathematik betrifft, so muß das Verständnis der elementaren Rechenvorgänge der Algebra vorausgesetzt werden. Kenntnisse bis hin zu den einfachsten Differentialgleichungen werden sich als nützlich erweisen. Die Mehrzahl der Biologiestudenten unter unseren Lesern wird dieses Wissen mit dem Abitur erworben haben. Der Leser, dem diese mathematischen Grundkenntnisse fehlen, wird vielleicht gut daran tun, einige Tage damit zu verbringen, es sich anhand eines geeigneten Buches zu erarbeiten, z.B. KARL PETER HADELER: „Mathematik für Biologen", Heidelberger Taschenbuch Bd. 129. Vorab wollen wir aber schon einige Definitionen geben und Methoden beschreiben, die beim Durcharbeiten dieses Buches eine Hilfe sein werden:

Δq, ausgesprochen als „Delta q", bezeichnet eine Veränderung in der Menge q. In diesem Buch benützen wir q, um die Häufigkeit oder Frequenz, d.h. den Anteil eines bestimmten Gens in einer Population zu bezeichnen. ΔN bedeutet, um ein anderes Beispiel zu nennen, eine

Veränderung in der Zahl (N) der Individuen in einer Population. Der griechische Buchstabe Δ ist ganz allgemein eine Bezeichnung für eine Veränderung in einer Variablen.

$\Delta q/\Delta t$, gewöhnlich ausgesprochen als „Delta q durch Delta t", bezeichnet eine bestimmte Änderung von q während eines bestimmten Intervalles in der Zeit t. Dieser Ausdruck kann also die Größe einer Änderung von q (z. B. von 0,3) in einem Jahr oder die gleiche oder eine andere Änderung in einer Generation bezeichnen, je nach der Zeiteinheit, die wir wählen. Ein weiteres Beispiel: $\Delta N/\Delta t$ bedeutet eine Veränderung der Anzahl N im Verlauf der Zeit t.

$\Delta q/\Delta t = 0$ bedeutet natürlich, daß in dem betrachteten Zeitintervall Δt keine Veränderung von q stattgefunden hat. Ein häufiger Schritt bei der Konstruktion eines Modells ist die Frage: „Was geschieht, wenn Gleichgewichtsbedingungen herrschen, d. h. wenn $\Delta q/\Delta t = 0$?"

dq/dt, gewöhnlich ausgesprochen als „dq nach dt", sagt dasselbe aus wie $\Delta q/\Delta t$, nur daß der Zeitabschnitt dt, statt ein Jahr oder eine Generation zu bezeichnen, unendlich klein ist. Dieser Ausdruck ist die Grundlage aller Differentialgleichungen, in denen die Zeit die unabhängige Variable darstellt (und bei denen wir daher die Veränderungen von abhängigen Variablen wie q und N mit der Zeit betrachten). Der Ausdruck stellt die Rate dar, mit der q sich in einem momentanen Zeitpunkt verändert, gleichgültig, ob wir diese Rate in Veränderung pro Jahr oder pro Generation oder sonst irgendwie ausdrücken. Mathematisch nennt man dq/dt die Ableitung von q nach der Zeit t. Ein Beispiel: Der Ausdruck für das exponentielle Wachstum einer bestimmten Population könnte sein

$$\frac{dN}{dt} = 0{,}03 N.$$

Messen wir hier die Zeit in Jahren, so bedeutet dies, daß in jedem Moment die Anzahl der Individuen in der Population zunimmt, daß pro Jahr ein Anstieg um 3% (d. h. 0,03 von N) festgestellt werden kann. Messen wir die Zeit in Generationen, so bedeutet dies, daß ein Anstieg von 3% in einer Generation zu verzeichnen ist.

$N_t = N_0 e^{0{,}03 t}$ ist die „Lösung" der oben gegebenen Differentialgleichung. Statt lediglich die Veränderungsrate (dN/dt) anzugeben, sagt sie uns, wie viele Individuen (N_t) nach Ablauf einer bestimmten spezifizierten Zeitspanne (t) in der Population leben werden. N_0 ist die Anzahl der Individuen zum Ausgangszeitpunkt $t = 0$. Der Buchstabe e bezeichnet die Konstante 2,71828..., die Basis des natürlichen Logarithmus.

Differentialgleichungen wie diese können wir nur nach Absolvierung eines Mathematikkurses „lösen"; wenn uns jedoch zumindest die allgemeine Beziehung zwischen solchen Gleichungen und ihren Lösungen klar ist, dann wird uns die Lektüre des vorliegenden Textes entschieden leichter fallen.

Beim Durcharbeiten dieses Buches wird es sich auch als Vorteil erweisen, wenn wir eine elementare Kenntnis der Statistik besitzen. In diesem Zusammenhang ist es besonders wünschenswert, daß wir die folgenden Definitionen verstehen.

Mittelwert ist die durchschnittliche oder „erwartete" Anzahl. Der Mittelwert kann das arithmetische Mittel bedeuten. Beispielsweise ist das arithmetische Mittel von (1,2,3) 2; das von (6,8,9,14) ist 9,25. Mit Hilfe des Mittelwertes kann auch die Wahrscheinlichkeit ausgedrückt werden, mit der ein Ereignis auftritt. Wenn also ein Ereignis mit der Häufigkeit von 0,2 (d.h. in 20% aller Fälle) eintritt, dann können wir sagen, daß die Wahrscheinlichkeit oder Chance, daß es in jedem einzelnen Fall (dessen Schicksal im voraus nicht bekannt ist) eintritt, 0,2 oder 20% ist.

Varianz ist der übliche Maßstab der Streuung der einzelnen Daten um den Mittelwert. Zum Beispiel hat die Zahlengruppe (0,2,4) eine größere Streuung als (1,2,3), obwohl beide den gleichen Mittelwert von 2 haben. Die Varianz ist die durchschnittliche quadrierte Differenz zwischen Mittelwert und Einzelwert. Die Varianz von (1,2,3) beträgt also

$$\frac{(2-1)^2+(2-2)^2+(2-3)^2}{3}=\frac{2}{3},$$

während die Varianz von (0,2,4)

$$\frac{(2-0)^2+(2-2)^2+(2-4)^2}{3}=\frac{8}{3}$$

ist.

Standardabweichung ist die Quadratwurzel der Varianz und wird mit dem griechischen Buchstaben σ (Sigma) bezeichnet. Welche wertvolle Hilfe dieser Begriff darstellt, werden wir im Verlauf unserer Ausführungen zeigen.

Häufigkeitsverteilung ist eine Aussage über die Anzahl der Individuen, die zu jeder Klasse einer Variablen gehören. Betrachten wir das folgende Beispiel einer Häufigkeitsverteilung: In einer Gruppe von zehn Menschen war einer kleiner als 1,65 m, drei waren zwischen 1,65 und 1,75 m, vier zwischen 1,75 und 1,85 m, und zwei waren größer als 1,85 m. Häufigkeitsverteilungen werden oft graphisch dargestellt, wie in Abb. 1-1.

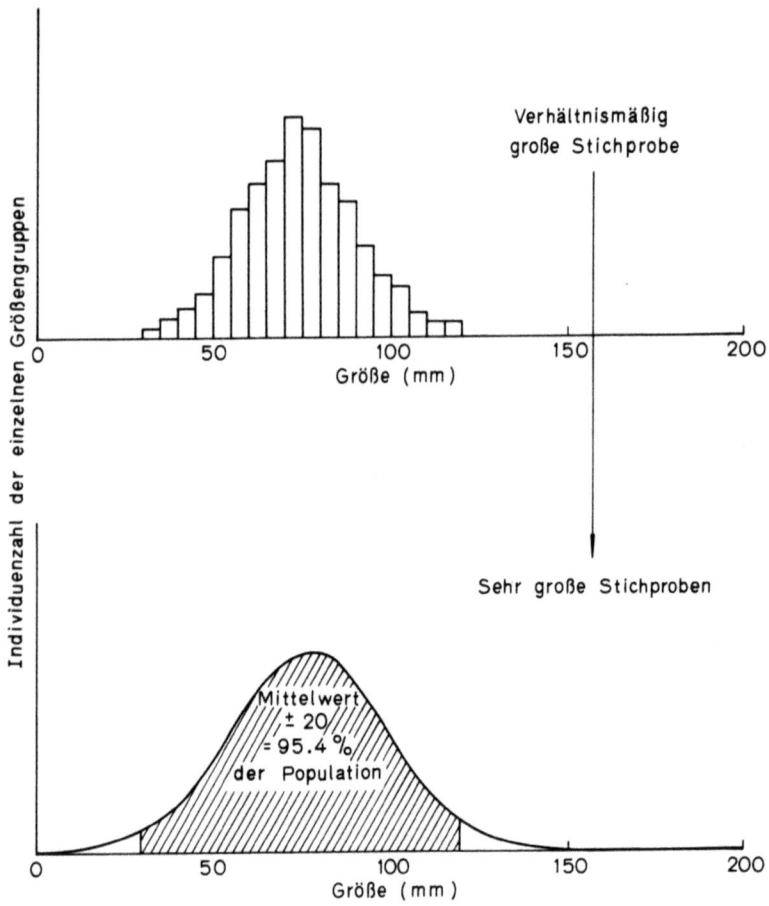

Abb. 1-1. *Häufigkeitsverteilungen* vieler Merkmale einer Population ergeben glockenförmige („Normal"-) Kurven. Mit zunehmender Anzahl der Individuen nähert sich die Häufigkeitskurve der idealen Gestalt. Bei einer „vollkommenen" Normalverteilung befinden sich 68,3% aller Individuen innerhalb einer Standardabweichung vom Mittelwert (Mittelwert $\pm\ \sigma$), 95,4% innerhalb von zwei Standardabweichungen (Mittelwert $\pm\ 2\sigma$) und 99,7% innerhalb von drei Standardabweichungen (Mittelwert $\pm\ 3\sigma$)

Einige von ihnen können in einer allgemeinen Formel ausgedrückt und somit analytisch behandelt werden (als Teil einer Reihe von algebraischen Rechenvorgängen). Die wichtigsten Häufigkeitsverteilungen in der elementaren Populationsbiologie sind die sogenannte Binomial- und die Poisson-Verteilung, die wir in der Populationsgenetik wiederfinden wer-

den, sowie die Normalverteilung, die häufig in allen Zweigen der Populationsbiologie auftritt. Ein Beispiel der Normalverteilung (glockenförmig) ist in Abb. 1-1 (unten) dargestellt.
Der Leser sollte möglichst einen Grundkurs der Statistik besuchen, auf jeden Fall sollte er ein einfaches Buch, z.B. HASELHOFF-HOFFMANN: „Kleines Lehrbuch der Statistik", durcharbeiten. Je solider seine mathematischen Kenntnisse mit der Zeit werden, um so besser wird er schließlich das komplexe und wichtige Wissensgebiet verstehen lernen, in das dieses Buch als Einführung dienen soll.

Wie konstruiert man ein mathematisches Modell?

In diesem Abschnitt wollen wir uns genauer mit dem Thema Populationswachstum beschäftigen, um zwei der grundlegenden und in diesem Zusammenhang wichtigen Gleichungen abzuleiten. Die Art der Darstellung soll deutlich machen, welche Ideen und Gedankengänge zur Konstruktion von Modellen in der Populationsbiologie führen. Wir glauben, daß dies dem Leser helfen kann, die theoretischen Überlegungen leichter zu erfassen. Gleichzeitig – und gleich wichtig – werden so einige der Stärken und Schwächen der theoretischen Betrachtungsweise aufgezeigt.

Zunächst müssen wir der Konstruktion von Modellen eine grundsätzliche Feststellung über die Größenveränderungen einer Population vorausschicken: Die Wachstumsrate einer Population ist der Unterschied zwischen der Zuwachsrate an Individuen aufgrund von Geburt und Einwanderung und der Abnahmerate aufgrund von Tod und Auswanderung. Wir können diese Aussage präzise in algebraischen Ausdrücken niederschreiben, indem wir für alle Faktoren die entsprechenden Symbole setzen:

$$\frac{dN}{dt} = B + E - D - A,$$

wobei N die Populationsgröße bezeichnet, dN/dt die Zuwachsrate von N in der Zeit angibt und B, E, D und A die Bezeichnungen darstellen für die Raten, mit denen die Individuen geboren werden, einwandern, sterben und auswandern.

Wollen wir über einen solchen elementaren Satz hinausgehen, so erweist es sich häufig als nützlich, einige der Faktoren konstant zu halten oder ihren Einfluß überhaupt auszuschalten, während wir die Rolle der ein oder zwei restlichen Faktoren untersuchen. So können wir z.B. annehmen, daß die Population nach außen abgeschlossen ist, so daß $E = 0$

und $A=0$ gilt. (Keine Individuen wandern in die Population ein, und keine verlassen sie.) Solche vereinfachenden Schritte sind eine allgemeine Praxis bei der Erstellung mathematischer Modelle, haben aber entscheidend zu dem Mißtrauen beigetragen, das viele Biologen gegenüber Modellen hegen. Zu häufig ist das Argument zu hören, bei der Modellbildung würden absichtlich Faktoren ignoriert, die für das biologische System, das dargestellt werden soll, keineswegs unwichtig seien. Wir müssen jedoch erkennen, daß die Vernachlässigung eines speziellen Faktors an irgendeiner Stelle der Modellentwicklung nicht besagt, daß dieser Faktor unwichtig ist. Er kann sogar für so wichtig befunden werden, daß später ein vollständiges eigenes Modell für ihn aufgestellt wird. Bevor der Modellkonstrukteur diesen Faktor jedoch angemessen untersucht, wird er nur andeuten, wie er ihn in das Gedankenmodell einfügen kann, so wie wir das getan haben. Das gegenwärtige Modell ist dann also einem kontrollierten Experiment vergleichbar, in dem die als wichtig bekannten Faktoren durch sorgfältige Planung des Experiments aus den Betrachtungen ausgeschlossen werden.

Wenden wir uns weiter der Analyse des Populationswachstums zu; wir stellen fest, daß die absolute Zahl von Todesfällen oder Geburten in einer gegebenen Zeitspanne abhängig ist von der Anzahl der Individuen in der Population. Je mehr Organismen, um so mehr Geburten und Todesfälle werden zu verzeichnen sein. Als erste Möglichkeit stellen wir uns vor, daß für alle Individuen der Population eine durchschnittliche Fruchtbarkeit und eine durchschnittliche Sterblichkeit besteht. Das heißt, daß sowohl B als auch D der Anzahl der Individuen N proportional ist. In Symbolen ausgedrückt ist $B = bN$ und $D = dN$, wobei b und d die durchschnittlichen Geburts- und Sterberaten pro Individuum und pro Zeiteinheit bezeichnen. Wir können jetzt schreiben

$$\frac{dN}{dt} = bN - dN$$

oder

$$\frac{dN}{dt} = (b-d)N.$$

Dies ist die Gleichung für *exponentielles Populationswachstum*. Normalerweise faßt man b und d in einen Wert r zusammen: $b - d = r$. Die Konstante r wird als *spezifische Zuwachsrate* („intrinsic rate of increase") der Population bezeichnet. Wir wollen die Bedeutung des Modells, so wie es jetzt aussieht, nicht weiter verfolgen, sondern lediglich feststellen, daß wenn b größer ist als d, die Populationsgröße N unbegrenzt weiter ansteigen muß, und zwar mit immer größer werdender Geschwindigkeit.

Der Leser, der diese Gleichung hier zum ersten Mal sieht, sollte einige Zahlenbeispiele durchrechnen, um sich selbst von der Richtigkeit dieser Behauptung zu überzeugen. Beginnen wir mit einigen Werten für N und r und berechnen wir N nach Ablauf einer Zeiteinheit (wobei wir für r dieselbe Einheit benutzen) in der folgenden Weise:

Nächstes N = gegenwärtiges $N + r \times$ gegenwärtiges N.

Die Zeiteinheit kann beliebig gewählt werden (Minuten, Monate, Jahre etc.). Die Einheit, die wir wählen, bestimmt den Wert von r. Aber für unsere Zwecke können wir auch r beliebig ansetzen. Der Leser kann sich nun selbst von der Wahrheit der Behauptung überzeugen, daß alle Populationen, die unbegrenzt exponentiell wachsen können, schließlich mehr Organismen besitzen werden, als es Atome im sichtbaren Universum gibt, und daß ihre Gesamtmenge sich letztlich mit der höchstmöglichen Geschwindigkeit, nämlich der Lichtgeschwindigkeit, nach außen ausdehnen wird.

Selbstverständlich haben Populationen diese Fähigkeit nicht, so daß die Annahmen in unserem Modell einen schwerwiegenden Fehler aufweisen müssen. Nach einigem Überlegen, warum dieses unbegrenzte Wachstum absurd ist, können wir eine Reihe möglicher Entwicklungen durchdenken. Zum Beispiel gäbe es einfach nicht genügend Nahrung, um eine unendlich große Population zu unterhalten, ebenso wenig gäbe es Raum für die Individuen zum Gehen, Schlafen oder zur Fortpflanzung. Wie kam es, daß wir diese Überlegungen in unserem Modell übersehen haben?

Das Problem liegt darin, daß wir stillschweigend angenommen haben, b und d seien Konstante, deren Wert unabhängig von N ist. Dies ist kein ungewöhnliches Problem bei der Konstruktion von Modellen. Dadurch, daß wir die Geburts- und Sterberate mit den mathematischen Symbolen b und d bezeichneten, haben wir in gewisser Weise den Kontakt mit ihrer biologischen Bedeutung verloren. Wir müssen ständig darauf achten, die Gleichungen als knappe und vereinfachte Ausdrücke des komplexeren natürlichen Systems zu behandeln und nicht etwa als Elemente, deren mathematische Eigenschaften als solche wichtig sind. Betrachten wir den Einfluß einer Zunahme der Populationsgröße auf die Werte b und d. Wenn die Population wächst, so wird aufgrund mehrerer Faktoren, z.B. Verringerung des durchschnittlichen Nahrungsangebots und des Raumes pro Individuum, die Sterberate wahrscheinlich steigen. Die Geburtsrate andererseits wird wahrscheinlich mit wachsender Populationsgröße fallen, mit Ausnahme vielleicht von kleinen Populationen, in denen die Individuen so weit verstreut leben, daß sie Schwierigkeiten haben, Paarungspartner zu finden. Wir müssen den Einfluß von N auf

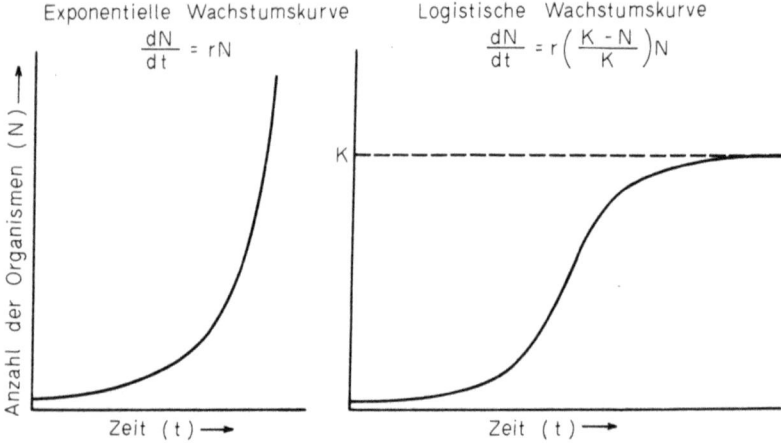

Abb. 1-2. *Zwei Grundgleichungen* für Wachstum und Wachstumsregulation der Populationen (als Differentialgleichungen ausgedrückt) und die zeichnerisch dargestellten Lösungen der Gleichungen

die Geburts- und Sterberate in mathematischer Form ausdrücken, damit wir ihn in unser Modell einbauen können. Die vagen Ausdrücke Zunahme und Abnahme müssen präzisiert werden. Dabei werden wir so verfahren, wie es bei der Aufstellung eines Modells üblich ist, und diese qualitativen Ausdrücke als gradlinige (lineare) Zu- bzw. Abnahme interpretieren. Rufen wir uns ins Gedächtnis zurück, daß die Gleichung für die gradlinige Abhängigkeit einer Variablen y von einer anderen x lautet: $y = a + bx$, wobei a der Schnittpunkt der Geraden mit der y-Achse ist (für $x = 0$) und b die Neigung der Geraden angibt. Wir können daher nun die Abhängigkeit von b und d von N darstellen als

$$b = b_o - k_b N \quad \text{und}$$

$$d = d_o + k_d N.$$

Hier zeigen b_o und d_o die Werte an, denen sich b und d annähern, wenn die Population sehr klein wird; k_b ist die Neigung der Geraden für die Abnahme der Geburtsrate und k_d ist die Neigung für die Zunahme der Sterberate. Wir können diese Beziehungen in unser Modell einsetzen und erhalten

$$\frac{dN}{dt} = [(b_o - k_b N) - (d_o + k_d N)]N.$$

Dies ist eine Form der sogenannten *logistischen Gleichung* für das Wachstum und die Regulierung von Populationen. Obwohl dieses Modell sehr viel komplizierter aussieht als unser ursprüngliches Modell, das nur so lautete:

$$\frac{dN}{dt} = (b-d)N,$$

läßt es sich offensichtlich doch nach N lösen. Ebenso kann es leicht in numerischen Analysen verwendet werden, ähnlich dem Modell, das wir für die elementare Gleichung für das exponentielle Populationswachstum vorgeschlagen hatten.

Die gerade abgeleitete Form des Rechenmodells bietet uns eine realistischere Lösung für N, gleichzeitig liefert sie uns jedoch auch noch einige neue und interessante Gesichtspunkte. Erinnern wir uns, daß die Größe der Population unverändert, also im Gleichgewicht ist, d. h. die Population kann sich auf einem gewissen Wert von N halten, wenn $b=d$ ist. Unter diesen Bedingungen können wir also schreiben entsprechend der oben angegebenen Bezeichnung von b und d:

$$b_o - k_b N = d_o + k_d N$$

oder

$$N = \frac{b_o - d_o}{k_b + k_d}.$$

Diesen Wert von N im Zustand des Populationsgleichgewichtes bezeichnet man als die *Kapazität* der Umwelt für diese Population und verwendet dafür normalerweise das Symbol K. Wenden wir die gerade aufgestellten Gleichungen an, so können wir uns rechnerisch leicht davon überzeugen, daß bei jedem Wert von N, der größer ist als K, die Größe der Population abnimmt, während sie wächst bei jedem Wert von N, der kleiner als K ist. Die Kapazität K stellt daher nicht nur die obere Grenze für die wachsende Population dar, sondern ist auch die Größe, bei der sich die Population im Gleichgewicht befindet und der sich jede anfängliche Populationsgröße annähert. Wir wollen nun die beiden Begriffe, die wir definiert haben,

$$K = \frac{(b_o - d_o)}{(k_b + k_d)}$$

und

$$r = b_o - d_o$$

kombinieren.

Setzen wir diese in die Form der gerade erhaltenen logistischen Gleichung ein und nehmen einige algebraische Umformulierungen vor, so erhalten wir

$$\frac{dN}{dt} = rN\left(\frac{K-N}{K}\right).$$

Dies ist die bekannte, in den meisten Lehrbüchern dargestellte Form der logistischen Gleichung für das Wachstum und die Regulation von Tierpopulationen. Gewöhnlich begnügt man sich damit, die Gleichung lediglich mitzuteilen und dann die Konstanten zu definieren und in bezug auf ihre mögliche biologische Bedeutung zu diskutieren. Die in diesem Kapitel beschriebene Ableitung gibt uns Auskunft darüber, warum das Populationswachstum mit Hilfe dieser Gleichung beschrieben werden kann. Gleichzeitig haben wir die Ableitung dazu verwandt, einmal Schritt für Schritt, so wie die Theoretiker normalerweise vorgehen, die Entwicklung eines typischen mathematischen Modells zu beschreiben. Mit dem Populationswachstum werden wir uns in Kapitel III noch eingehender beschäftigen.

Kapitel II. Populationsgenetik

Definition der Evolution

Evolution kann allgemein als jede Veränderung in der genetischen Zusammensetzung einer Population bezeichnet werden. Seit Bestehen der Populationsgenetik läßt sich diese Definition weiter präzisieren als: *jede Veränderung der Genhäufigkeit*. Im einfachsten Fall treten in einer Population die zwei Allele A und a mit der Häufigkeit oder Frequenz p bzw. q auf. Sind A und a die einzigen Allele an dem Genort, dann ist gemäß Definition $p+q=1$. Eine Zu- oder Abnahme von p bedeutet also entsprechend umgekehrt ein Absinken oder Ansteigen von q. Nehmen wir an, wir haben in drei aufeinanderfolgenden Generationen die folgenden Werte für p und q beobachtet: $0{,}60+0{,}40=1{,}0$; $0{,}59+0{,}41=1{,}0$; $0{,}57+0{,}43=1{,}0$; dann hat in diesem Fall p, die Häufigkeit von A, ständig abgenommen, während q, die Häufigkeit von a, ständig in gleichem Maße zugenommen hat. Nehmen wir jetzt für die folgenden zwei Generationen einen entgegengesetzten Trend an: $0{,}59+0{,}41=1{,}0$; $0{,}60+0{,}40=1{,}0$. Dieses Beispiel zeigt, daß im Prinzip eine Umkehrung der Evolution möglich ist, zumindest auf der Ebene von Allelpaaren. Hätten wir die Häufigkeiten nur in der ersten und letzten, oder in der zweiten und vierten Generation gemessen, so hätten wir die Evolution nicht beobachtet. Die Mehrzahl der tatsächlichen Fälle von Evolution, die erfolgreich analysiert wurden, stellte sich als ungleich komplexer als dieses Beispiel heraus. Da die meisten Merkmale der Kontrolle multipler Loci unterliegen und die natürliche Auslese ebenfalls komplexer Natur ist, kann die Aufzählung einiger weniger Genfrequenzen wahrscheinlich niemals ein vollständiges Bild liefern. Dennoch muß die systematische Beschäftigung mit der Populationsgenetik auf dieser Ebene beginnen.

Womit sich die Populationsgenetik beschäftigt, läßt sich im wesentlichen in zwei Fragen zusammenfassen: *Erstens, woher stammen die einzelnen Grundeinheiten der genetischen Variation auf der Ebene der Gene und Chromosomen? Zweitens, welches sind die Ursachen für die Veränderungen der Häufigkeiten, mit denen diese Einheiten in Populationen auftreten?* Wir können diese Fragen zunächst ungefähr folgendermaßen beantworten: Neue Einheiten der genetischen Variation entstehen aus Gen-

und Chromosomenmutationen sowie aus neuen Kombinationen dieser Mutationen. Mutationen schaffen also das Rohmaterial für die Evolution, doch verursachen sie selbst – solange sie nicht in abnormal hohen Raten auftreten – nur geringfügige Veränderungen der Genhäufigkeiten. Evolution auf der Ebene von Populationen, d. h. Veränderungen der Genfrequenz, beruht hauptsächlich auf einer Reihe anderer Faktoren, von denen der weitaus wichtigste die natürliche Selektion ist.

Diese knappe Aussage der Populationsgenetik ist zum Teil nichts anderes als eine moderne Fassung der ursprünglichen Evolutionstheorie durch natürliche Auslese, die 1858 von CHARLES ROBERT DARWIN und ALFRED RUSSELL WALLACE aufgestellt wurde. Der Darwin-Wallace-Theorie zufolge, die DARWIN 1859 in seinem berühmten Werk „Über die Entstehung der Arten" darstellte, entsteht die genetische Variation in Populationen ständig aus *zufälligen Änderungen* des Erbmaterials, während die treibende Kraft der fortschreitenden Evolution in der natürlichen Auswahl der geeignetsten Varianten zu suchen ist. Diese Idee, allgemein als Darwinismus bezeichnet, war eine neue Konzeption von großer Tragweite. Die wichtigste frühere Evolutionstheorie stammte von JEAN BAPTISTE DE LAMARCK, der sie 1809 in seinem Werk „Philosophie Zoologique" schriftlich niedergelegt hatte. LAMARCKS Begriff der Evolution basierte auf der unrichtigen Annahme, Eigenschaften, die von Organismen durch Gebrauch oder Nichtgebrauch von Körperteilen im Laufe ihres Lebens neu erworben werden, würden an deren Nachkommen weitergegeben:

„Alles, was die Individuen durch den Einfluß der Verhältnisse, denen ihre Rasse lange Zeit hindurch ausgesetzt ist, und folglich durch den Einfluß des vorherrschenden Gebrauchs oder konstanten Nichtgebrauchs eines Organs erwerben oder verlieren, wird durch die Fortpflanzung auf die Nachkommen vererbt, vorausgesetzt, daß die erworbenen Veränderungen beiden Geschlechtern oder den Erzeugern dieser Individuen gemein sind." (Zoologische Philosophie, S. 73[1]).

Obwohl die Lamarcksche These der *Vererbung erworbener Eigenschaften* in dem Gelehrtenstreit des frühen neunzehnten Jahrhunderts ad absurdum vertreten wurde, hatte sie doch auch einen Vorteil, indem sie eine konkrete Hypothese anbot, die experimentell beweisbar war. Doch entsprach es dem Geist jener Zeit, daß Lamarcks Theorie nahezu bis zum Ende des Jahrhunderts keiner objektiven experimentellen Prüfung unterzogen wurde.

---

[1]) Zitiert nach der deutschen Ausgabe des Alfred Kröner Verlags, Leipzig, o. D.

Zur Zeit von DARWIN und WALLACE war die Genetik als Wissenschaft noch nicht geboren. Es sollte sich zeigen, daß der Begriff der zufälligen Veränderungen des Erbmaterials, mit dem die beiden Wissenschaftler ihrer Zeit voraus waren, eine adäquate Annäherung an den Begriff Mutation darstellt, wie er nunmehr in unserem Jahrhundert verstanden wird. Die Entwicklung der Evolutionsbiologie seit ungefähr 1920 wird häufig als Neo-Darwinismus oder Synthetische Theorie bezeichnet, womit die Verschmelzung der Mendelschen Genetik mit der Theorie der natürlichen Auslese gemeint ist, aus der die Wissenschaft Populationsgenetik entstand. Die Populationsgenetik wiederum hat sehr erfolgreich zur Neuorientierung verwandter Disziplinen wie der Chromosomencytologie, der Systematik, der Theorie der Artentstehung und der Biogeographie beigetragen. Hundert Jahre nach der Veröffentlichung von „Über die Entstehung der Arten", dessen Jubiläum 1959 mit zahlreichen internationalen Konferenzen und Sammelwerken zum Gedächtnis an DARWIN begangen wurde, ist der Neo-Darwinismus noch in vollem Aufschwung.

Merkmale der Mutationen

Eine *Mutation* ist definiert als ein erblicher Wandel im genetischen Material und eine *Mutante* ist der so entstandene veränderte Organismus. Es wird unterschieden zwischen *Punkt-Mutationen* und *Chromosomen-Mutationen*. Die ersteren bringen Veränderungen mit sich, die zu klein sind, um sie mit einem Mikroskop beobachten zu können. Anhand genetischer und biochemischer Untersuchungen mit Bakterien ließ sich feststellen, daß es sich bei Punkt-Mutationen um molekulare Vorgänge handelt, bei denen im DNS-Molekül ein Nucleotidpaar durch ein anderes ersetzt wird. Im Gegensatz dazu führen Chromosomen-Mutationen zu größeren strukturellen Veränderungen, die unter dem Lichtmikroskop beobachtet werden können. Diese Änderungen betreffen nicht nur ein, sondern Hunderte und Tausende von Nucleotidpaaren. Wahrscheinlich ist es am leichtesten, sich die verschiedenen Arten der Chromosomen-Mutationen vorzustellen, wenn man sich einen Gipsstab denkt, der ein vereinfachtes Modell der Struktur eines Chromosoms darstellen soll. Praktisch alles, was man mit dem Stock machen kann, solange man nicht seine Gestalt verändert, entspricht einer Chromosomen-Mutation! Man kann ihn in Stücke brechen, so daß eine größere Zahl kleinerer Stäbe entsteht (*Anstieg der Chromosomenzahl*); man kann ihn zu einem anderen Stab hinzufügen (*Chromosomenverschmelzung*, führt zu einer *Verminderung der Chromosomenzahl*); man kann ein Stück aus dem Stab herausnehmen (*Deletion*) oder ein zusätzliches Stück einfügen (*Duplikation*); ein Stück entnehmen, herumdrehen und wieder einsetzen (*Inversion*); ein Stück einem anderen Stab hinzufügen (*Translokation*); oder nichthomologe Stücke zweier Stäbe gegeneinander auswechseln (*Reziproke Translokation*). Lassen wir den Stab zusammen mit anderen Stäben einen vollständigen diploiden ($2n$) Chromosomensatz darstellen, so können wir uns die folgenden zusätzlichen Veränderungen denken: Fügen wir einen einzelnen Stab zu dem Paar hinzu, so ergibt sich eine Chromosomenzahl von $2n+1$ (*Trisomie* der Zelle) oder nehmen wir einen Stab fort, so ist die Gesamtzahl der Chromosomen $2n-1$ (*Monosomie* der Zelle). Der Zustand der Trisomie oder Monosomie wird allgemein als *Aneuploidie* bezeichnet. Ebenso ist es möglich, den gesamten Stabsatz einmal oder viele Male zu replizieren; dabei entstehen exakte Vielfache der haploiden Chromosomenzahl. Man nennt diesen Zustand *Polyploidie*. Haploide Chromosomensätze werden mit dem Buchstaben n bezeichnet, diploide mit $2n$ und die polyploiden der Reihenfolge nach mit $3n$ (triploid), $4n$ (tetraploid), $5n$ (pentaploid), $6n$ (hexaploid), $7n$ (heptaploid), $8n$ (octoploid) und so weiter; in der Praxis werden griechische Adjektive selten für höhere Vielfache als 8 benutzt. Die Mehrzahl der wichtigsten Chromosomen-Mutationen sind in Abb. 2-1 dargestellt. Sie alle spielen in der Evolution eine Rolle. Inversion und Polyploidie sind wegen der Größe ihrer Auswirkungen und der Häufigkeit, mit der sie in der Natur auftreten, besonders wichtig. Der Unterschied zwischen Chromosomen- und Punkt-Mutationen liegt lediglich darin, daß die ersteren sichtbare, strukturelle Veränderungen sind. Dabei wird die untere Grenze für die Größe der beobachteten Veränderungen durch die Leistungsgrenzen der Mikroskopie gesetzt und nicht durch die strukturellen Eigenschaften der Chromosomen selbst. Zudem veranlassen unsere gegenwärtigen Kenntnisse der DNS-Molekülstruktur uns zu der Annahme, daß 1) die Veränderungen auf der Nucleotid-Ebene, die zu Punkt-Mutationen führen, strukturell derselben Natur sind wie die Chromosomen-Mutationen und 2) die betroffenen DNS-Abschnitte verschiedene Längen haben können, von einem einzelnen Nucleotidpaar bis zu Ausmaßen, die groß genug sind, um mit dem Mikroskop gesehen werden zu können. Bei diesem Ausmaß kann man sie leicht als Chromosomen-Mutationen klassifizieren.

Im folgenden sollen drei Eigenschaften beschrieben werden, die Punkt- und Chromosomen-Mutationen gemeinsam sind und die in der Populationsgenetik eine bedeutende Rolle spielen.

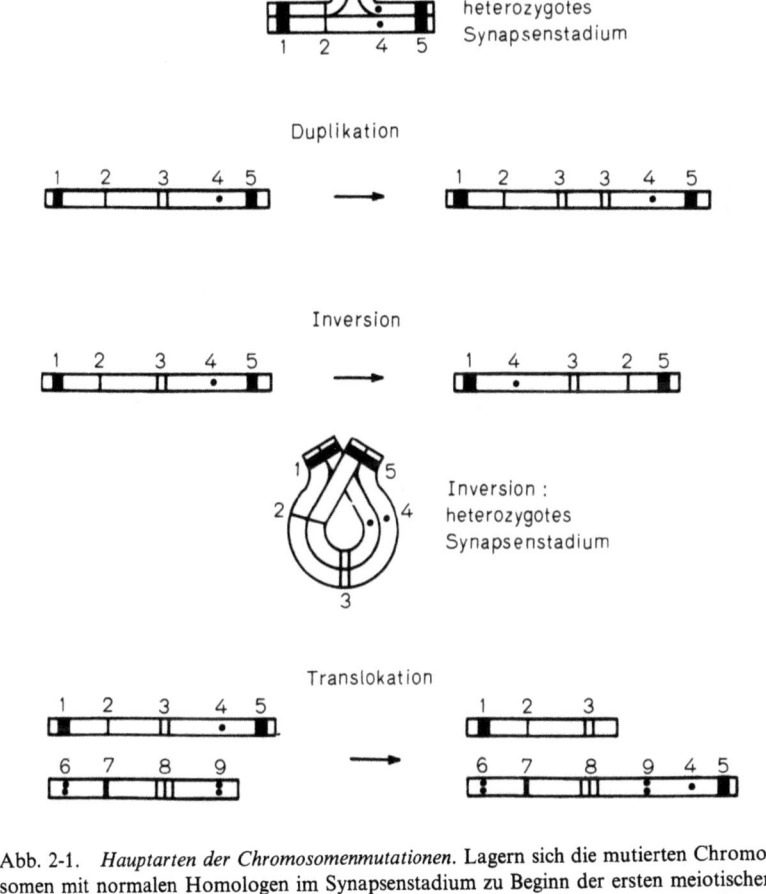

Abb. 2-1. *Hauptarten der Chromosomenmutationen.* Lagern sich die mutierten Chromosomen mit normalen Homologen im Synapsenstadium zu Beginn der ersten meiotischen Teilung aneinander, so nehmen sie charakteristische Positionen ein, die es ermöglichen, daß die jeweils korrespondierenden Loci aneinanderliegen. Zwei synaptische Konfigurationen, nämlich Deletion und Inversion, sind als Beispiel dargestellt

Chemische Vorgänge

Mutationen können letztlich als Veränderungen in der Reihenfolge von Nucleotidpaaren im DNS-Polymer beschrieben werden. Während einige dieser Veränderungen sich zu einem Zeitpunkt abspielen können, an dem keine DNS-Replikation stattfindet, deutet vieles darauf hin, daß die Mehrzahl der spontanen Mutationen durch Kopierfehler im Verlauf der DNS-Replikation auftreten. Mutationen gehen am schnellsten vor sich, wenn Zellteilungen stattfinden, und ein Temperaturanstieg erhöht die Rate der beiden Prozesse in ungefähr dem gleichen Maß. Mutationen verhalten sich in verschiedenen wichtigen Aspekten wie molekulare Vorgänge. Erstens erhöht sich die Mutationsrate stetig bei Temperaturanstieg. Tatsächlich liegt Q_{10}, d.h. der Anstieg der Mutationsrate bei einer Temperaturerhöhung um 10° C, gewöhnlich zwischen 2 und 3; diese Beziehung ist in Abb. 2-2 verdeutlicht. Mutationen können durch starke Energiestrahlung, z. B. durch Röntgenstrahlen, ausgelöst werden. Die Anzahl der auf diese Weise entstehenden Mutanten ist eine einfache

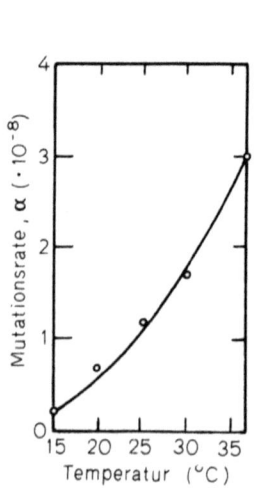 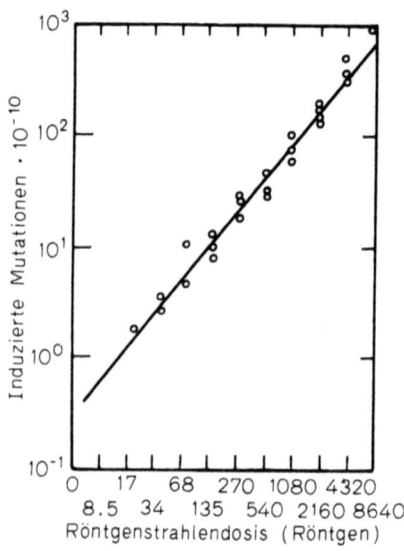

Abb. 2-2. *Die Mutationsrate des Bakteriums Escherichia coli* steigt mit der Temperatur und mit der Dosis der ionisierenden Strahlung an. Die linke Kurve zeigt den Einfluß der Temperatur auf das Vorkommen der Mutation *his−* (Unfähigkeit, Histidin zu synthetisieren) zu *his+* (Fähigkeit, Histidin zu synthetisieren). Die rechte Kurve gibt die Anzahl der *met-2+* Mutanten (fähig zur Methioninsynthese), deren Mutation dadurch ausgelöst wurde, daß man *met-2−* Kolonien (nicht fähig zur Methioninsynthese) steigenden Dosen von Röntgenstrahlen aussetzte (nach SAGER und RYAN, 1961)

lineare Funktion der Strahlendosis, wie in Abb. 2-2 ebenfalls dargestellt ist. Jeder Strahlungsbetrag induziert eine entsprechende Anzahl von Mutationen gemäß der Gleichung

$$M = kD,$$

wobei M die Anzahl der Mutanten bezeichnet, D die Strahlendosis und k eine dosisunabhängige Konstante, die die Empfindlichkeit des nichtmutierten Gens angibt. Diese Proportionalität, die zwischen Röntgenstrahlendosis und Mutationsrate besteht, hat zur Aufstellung der sogenannten Treffertheorie geführt; das Gen stellt gewissermaßen eine Zielscheibe dar und mutiert in einem einzigen Vorgang, wenn eine ausreichende ionisierende Röntgenstrahlendosis verabreicht wird. Diese Theorie ist mit der Auffassung der Punkt-Mutation als einem einzigen molekularen Ereignis vereinbar.

Mutationen können ebenfalls durch chemische Stoffe, sog. *mutagene Substanzen*, ausgelöst werden. Dies läßt sich am leichtesten durch Experimente mit Mikroorganismen zeigen. Dem Leser, der über einige Grundkenntnisse die Biochemie verfügt, werden die folgenden technischen Einzelheiten zu einem besseren Verständnis der Natur dieses Vorganges verhelfen. Bestimmte alkylierende Substanzen, die denselben Effekt haben wie Strahleneinwirkung, z.B. Senfgas, führen wahrscheinlich dadurch zu Mutationen, daß sie Brüche der polynucleotiden Stränge verursachen. Andere, wie bestimmte Purine, Coffein und Adenin, sowie synthetische Pyrimidinanaloga, induzieren Kopierfehler auf der Ebene der Nucleotidpaare. Salpetrige Säure wirkt auf direktere Art und Weise mutagen. Mittels oxydativer Desaminierung, d.h. Ersatz einer Amino-Gruppe durch eine HO-Gruppe, überführt sie die DNS- und RNS-Basen in neue Formen, z.B. Cytosin in Uracil.

Zufall

Zufall bedeutet Ungewißheit. Zufällig nennen wir ein Ereignis, dessen Auftreten nicht mit Sicherheit vorausgesagt werden kann. Wir können bestenfalls hoffen, die *Wahrscheinlichkeit* seines Auftretens vorauszusagen. In der Praxis hat es sich bewährt, viele Vorgänge so zu behandeln, als ob sie zufällig wären, obwohl man sie ebenso gut als determiniert betrachten könnte, wenn man mehr über sie wüßte. Ein gutes Beispiel für solche Überlegungen ist das Hochwerfen von Münzen. Unter normalen Umständen können wir das Ergebnis jedes einzelnen Wurfes nicht vorhersagen. Wir wissen jedoch, daß ungefähr die Hälfte aller Münzen mit dem Wappen und die andere Hälfte mit der Zahl oben zu liegen kommt. In ähnlicher Weise ergibt jeder beliebige einzelne unbeeinflußte Münzwurf, wenn er viele Male hintereinander wiederholt wird, dasselbe Resultat. Wir sind also in der Lage, bestimmte Vorhersagen über das Ergebnis von Experimenten mit Münzen zu machen. Bei Anwendung der Binomialverteilung (zwei Möglichkeiten: Wappen oder Zahl) kann man die Wahrscheinlichkeit des Auftretens verschiedener Häufigkeiten von Wappen oder Zahl bei einer unendlich wechselnden Anzahl von Versuchen vorausberechnen. Die Wahrscheinlichkeit, daß z. B. bei 50 Würfen genau 31 mal Wappen und 19 mal Zahl auftritt, ergibt sich nach der Formel für die Binomialverteilung als

$$\frac{50!}{31!\,19!}(0,5)^{50} = 0,027.$$

Wir müssen uns jedoch vor Augen halten, daß – ungeachtet der Tatsache, daß wir mit dem Begriff Zufall operieren – in der Tat eine Vorausberechnung des Ergebnisses jedes einzelnen Münzwurfes möglich wäre, wenn wir nur im voraus genug wüßten über die spezifischen Einzelheiten der Mechanik der Fingerbewegung, der Luftdichte und der Luftströme, sowie der Struktur der Oberfläche, auf der die Münze landet. Solange diese Faktoren variabel und unbekannt sind, ist es vernünftig, das Resultat des gesamten Experiments mit Münzen als zufällig zu betrachten. Die zwei Arten der Betrachtung stellen verschiedene Ebenen des Verständnisses dar.

Die gleichen Überlegungen lassen sich auch über das Auftreten von Mutationen anstellen. Wenn wir in einem „Gedankenexperiment" die unwahrscheinliche Fähigkeit besäßen, in einem Bruchteil von Zeit den physikalischen und chemischen Zustand eines mutierbaren Gens und seiner Mikroumgebung zu messen, so könnten wir wahrscheinlich angeben, ob eine Mutation stattfinden wird. Auf der Molekülebene ist es möglicherweise die Unschärferelation der Quantenmechanik, die uns solche Kenntnisse versagt. Dieses physikalische Prinzip besagt, daß direkte Beobachtungen auf der Atomebene das Ergebnis signifikant ändern. Aber selbst wenn dies nicht so wäre, veranlassen uns unsere Studien an Populationen zu der Frage, ob wir Mutationsvorgänge nicht als Zufallserscheinungen beschreiben dürfen, denn das Hauptinteresse der Evolutionsforschung liegt in Massen-(Populations-)Vorgängen und nicht so sehr in molekularen Ereignissen.

Das folgende Experiment veranschaulicht in einfacher und eleganter Weise die übliche Technik, mit der die Zufälligkeit von Mutationen getestet werden kann. Es wurde von F.J. RYAN durchgeführt (SAGER und RYAN, 1961). Werden Bakterien (*Escherichia coli*), die keine Laktose aufnehmen können, auf einem Aminosäure-Nährboden gezogen, so entstehen (mit einem Ausmaß von 2×10^{-7} pro Zellteilung) Mutanten, die den Milchzucker verarbeiten können. Wenn der Agar Aminosäuren und Laktose enthält, dann bilden die nicht-Laktose-verbrauchenden Elternbakterien eine Kolonie. Die in der Kolonie entstehenden Mutanten überwachsen unter Aufnahme des vorhandenen Milchzuckers die Kolonie und bilden auf ihrer Oberfläche Papillen. Wird dem Nährmedium ein bestimmter Farbstoff beigegeben, so färben sich die Laktose-aufnehmenden Papillen rot, denn sie bilden bestimmte Abfallprodukte, die mit dem Farbstoff reagieren. Dagegen bleibt der Boden der Kultur nahezu unverändert weiß und erlaubt so ein leichtes Zählen der Papillen. Wegen des gesonderten Auftretens und der Ähnlichkeit der Gestalt der Papillen nimmt man an, daß jede Papille die Abkömmlinge einer einzelnen Mutante enthält. Die Frage ist nun: Besteht für alle nicht-Laktose-verarbeitenden Kolonien die gleiche Chance, eine Laktose-verbrauchende Mutante zu produzieren? Da man annehmen kann, daß die Mikroumgebung für jede der Kolonien gleich ist, kann man auch fragen, ob die Mutationen bei den Kolonien zufällig erfolgen. Die bei dem Experiment erzielten Daten lassen sich unmittelbar einem normalen statistischen Test unterziehen. Da eine Mutation selten vorkommt, die Anzahl der Bakterien pro Kolonie aber sehr groß ist, sollte die Häufigkeitsverteilung von Mutationen pro Kolonie annähernd einer Poisson-Verteilung entsprechen. Das heißt also

$$p(x) = \frac{m^x}{x!} e^{-m},$$

wobei $p(x)$ die Wahrscheinlichkeit bezeichnet, daß x Papillen (d.h. Mutanten) pro Kolonie auftreten, m die durchschnittliche Anzahl von Papillen pro Kolonie und e die Basis des natürlichen Logarithmus 2,71828... ist. $x!$ (gesprochen x Fakultät) ist eine Abkürzung für den Ausdruck $1 \times 2 \times 3 \times \ldots (x-1) \times x$. In Abb. 2-3 sind die von RYAN erzielten Daten eingezeichnet. Die Durchschnittsmenge von Papillen pro Kolonie war 0,57. Die Poisson-Verteilung kann dann mit $m = 0{,}57$ und $x = $ jeweils

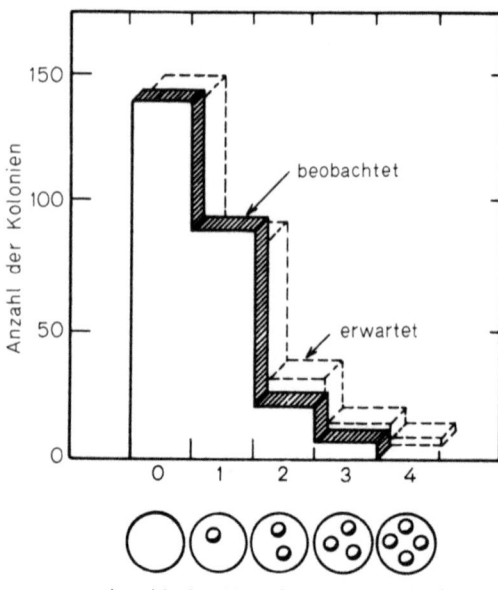

Anzahl der Mutationen pro Kolonie

Abb. 2-3. *Die Häufigkeitsverteilung* von Laktose-verarbeitenden Mutationen in *Escherichia coli* Kolonien (schraffiert), verglichen mit der Poisson-Verteilung (gestrichelte Linie) mit gleichem Mittelwert. Die Wahrscheinlichkeit, daß in einem Experiment die Mutationen gemäß der Poisson-Verteilung vorkommen, ist 0,2. Dieser Wert liegt hoch genug, um die Hypothese zu stützen (allerdings nicht zu beweisen), daß die beiden Verteilungen gleich sind. (Verändert, nach SAGER und RYAN, 1961)

0, 1, 2, 3 ausgerechnet werden. Zum Beispiel ist die Wahrscheinlichkeit, daß 3 Papillen pro Kolonie auftreten

$$p(3) = \frac{0{,}57^3}{1 \times 2 \times 3} \times 2{,}71828^{-0{,}57} = 0{,}0175.$$

Man würde also erwarten, daß 1,75% der Kolonien 3 Papillen haben. Wie ebenfalls aus Abb. 2-3 zu ersehen ist, ist die Übereinstimmung der erwarteten Poisson-Kurve mit der im Experiment festgestellten Kurve sehr groß und stützt somit die Hypothese, daß die Laktose-aufnehmenden Mutationen in den Kolonien tatsächlich zufällig auftreten.

Präadaptation

Die Zufälligkeit der Mutationen hat eine große Bedeutung für die Evolutionstheorie. Sie führt zu der Folgerung, daß Mutationen sich ohne Rücksicht auf ihre spätere Anpassungsfähigkeit an die Umgebung vollziehen. Mit anderen Worten: innerhalb einer Population mit einem bestimmten Genbestand kann eine Mutante mit gleicher Wahrscheinlichkeit in einer für sie günstigen Umgebung auftreten, wie auch dort, wo sie einen Selektionsnachteil hat. Tritt also eine vorteilhafte Mutation auf, so können wir sie als Mutation mit echter *Präadaptation* an diese bestimmte Umgebung bezeichnen. Das heißt, die Mutation ist nicht das Ergebnis einer Anpassungsreaktion auf die Umgebung, sondern sie erweist sich nach ihrem Auftreten zufällig als zweckmäßig. Damit wird die natürliche Selektion, d. h. unterschiedliches Überleben und unterschiedliche Reproduktion in einer Umgebung, zu der wichtigsten Determinanten für die Häufigkeit des mutierten Gens in den folgenden Generationen.

Außerordentlich viele Experimente dokumentieren den präadaptiven Charakter einiger Mutanten. Einen besonders eindrucksvollen Versuch führten die Genetiker J. und E. M. LEDERBERG mit dem Bakterium *Escherichia coli* durch. Sie wollten feststellen, ob Bakteriophagen- und Streptomycin-resistente Mutanten in Kulturen vorkommen, die diesen bakteriziden Faktoren nicht ausgesetzt waren. Dabei zogen sie zuerst nichtresistente Abkömmlinge auf einem Nährboden, der frei von diesen Substanzen war; danach ließen sie ein steriles Stück Samt auf die Nährbodenfläche herab, so daß an den feinen Haaren des Stoffes von jeder der vorhandenen Kolonien einige Bakterien hängen blieben. Der Stoff mit den anhaftenden Bakterien konnte nun ähnlich wie ein Stempel zur Herstellung eines Abdruckes benutzt werden. Das heißt, durch Absenken des Stoffes auf eine zweite, neue Agarplatte übertrug man die Bakterien in den gleichen Anordnungsmustern, in denen sie sich auf dem ursprünglichen Nährboden befunden hatten. Enthielt die zweite Platte nun Streptomycin oder Bakteriophagen, so bildeten sich neue Kolonien nur an den Stellen, an denen auf dem ursprünglichen Nährboden resistente Bakterienkolonien existiert hatten. Daß solche Mutanten sich tatsächlich auf dem Originalnährboden befunden hatten, wurde nachgewiesen, indem man ihre vermutliche Position durch Vergleich mit der Abdruckplatte feststellte, Bakterien von dieser ursprünglichen Kolonie entnahm und diese schließlich erfolgreich auf einem Medium züchtete, das Bakteriophagen oder Streptomycin enthielt.

Als eine zweite Methode zum Beweis der Präadaptationshypothese für Mikro- und auch höhere Organismen (Fliegen der Gattung *Drosophila*) kann die *indirekte Selektion* bezeichnet werden. Dieser Versuch kann sowohl mit neuen Mutationen als auch mit bereits vorhandenen genetischen Variationen durchgeführt werden. Organismen derselben Abstammung werden in zwei Gruppen aufgeteilt, von denen die eine einer giftigen Substanz ausgesetzt wird, die andere nicht. Für die nächste

Generation wird allein die letztere, nicht exponierte Gruppe benutzt; und zwar werden nur die Individuen ausgewählt, die von denselben Eltern abstammen wie die dem Gift ausgesetzten Organismen, die die beste bzw. die schlechteste Resistenz gegenüber dem Gift aufwiesen.

Auf diese Weise entstehen Generationen über Abkömmlinge, die zwar der Selektion unterworfen sind, jedoch dem Gift nicht tatsächlich ausgesetzt waren. Wären Mutanten (oder bereits vorhandene Genotypen) nicht präadaptiv, sondern erforderten direkten Kontakt mit dem Gift, um auftreten und sich vermehren zu können, dann hätte indirekte Selektion keinen Einfluß auf die Resistenz der nicht exponierten Gruppe. Dies ist jedoch nicht der Fall. Die keinem Experiment ausgesetzten Bestände sind genetisch ebenso stark verändert wie die der direkten Selektion unterworfenen Organismen. Man muß daher die Hypothese der Präadaptation akzeptieren.

Mutationsrate

In Tabelle 2-1 sind die Mutationsraten für eine Vielzahl von Organismen angegeben. Angesichts dieser Daten kann ohne weiteres eine allgemeine Aussage gemacht werden: Die große Mehrheit der Mutationen tritt mit einer Geschwindigkeit von 10^{-5} oder weniger pro Gen und Zellteilung auf. Hier muß man davon ausgehen, daß die angestellten Untersuchungen dahingehend verfälscht sind, daß die häufigsten Mutationen am ehesten entdeckt werden. Bei Mutationsraten, die sehr viel niedriger als 10^{-9} sind (und in dieser Größenordnung muß es eine große Anzahl geben) können wir nicht mehr erwarten, sie überhaupt zu messen, selbst bei den sich schnell vermehrenden Mikroorganismen. Mutationen weist man auf Grund der Phänotypen nach. Man kann jedoch kaum annehmen, daß die Ursache für eine phänotypische Veränderung immer genau dieselbe ist, d.h. daß ein gegebener neuer Phänotyp immer auf genau dasselbe mutierte Allel zurückgeht, gleichgültig, wo in der Population er auftritt. Die Mutationsrate pro Gen wird also geringer sein als aus den phänotypischen Veränderungen ablesbar ist. In vielen Fällen stellt sich bei näherer Analyse heraus, daß mehrere *Iso-Allele* (Allele, die sehr ähnliche Phänotypen produzieren) existieren, wo man bisher nur die Existenz eines einzigen Allels angenommen hatte. Die resultierenden Phänotypen scheinen sich in der Tat nur durch geringe Unterschiede in den Eigenschaften bestimmter Enzyme oder anderer Proteine zu unterscheiden, die gewöhnlich nur mit Hilfe elektrophoretischer Trennung entdeckt werden können. Wo Enzyme mit im Spiel sind, bezeichnet man solche geringfügigen Varianten gelegentlich als *Isozyme*. Die Entdeckung von Proteinvariationen mit Hilfe der Elektrophorese hat sich als ein nicht

Tabelle 2-1. Einige spontane Mutationsraten bei verschiedenen Organismen (SAGER und RYAN, 1961)

Organismus/Mutationstyp	Mutationsrate	Einheiten
Bakteriophagen – T2		
Lyse-Hemmung, $r \rightarrow r^+$	1×10^{-8}	pro Gen[a)] pro
Wirtsspezifität $h^+ \rightarrow h$	3×10^{-9}	Replikation
Bakterien – *Escherichia coli*		
Laktosefermentation, $lak^- \rightarrow lak^+$	2×10^{-7}	
Histidinbedarf, $his^- \rightarrow his^+$	4×10^{-8}	
$his^+ \rightarrow his^-$	2×10^{-6}	pro Zelle pro Teilung
Streptomycinempfindlichkeit,		
$str\text{-}s \rightarrow str\text{-}d$	1×10^{-9}	
$str\text{-}d \rightarrow str\text{-}s$	1×10^{-8}	
Algen – *Chlamydomonas reinhardi*		
Streptomycinempfindlichkeit,		
$str\text{-}s \rightarrow str\text{-}r$	1×10^{-6}	
Pilze – *Neurospora crassa*		
Inositbedarf, $inos^- \rightarrow inos^+$	8×10^{-8}	Mutantenhäufigkeit bei
Adeninbedarf, $ade^- \rightarrow ade^+$	4×10^{-8}	asexuellen Sporen
Mais – *Zea mays*		
geschrumpfte Samen, $Sh \rightarrow sh$	1×10^{-5}	
Purpur, $P \rightarrow p$	1×10^{-6}	
Fruchtfliege – *Drosophila melanogaster*		Mutantenhäufigkeit
Gelber Körper, $Y \rightarrow y$, bei Männchen	1×10^{-4}	pro Gamet pro Gene-
$Y \rightarrow y$, bei Weibchen	1×10^{-5}	ration
Weißes Auge, $W \rightarrow w$	4×10^{-5}	
Braunes Auge, $Bw \rightarrow bw$	3×10^{-5}	
Maus – *Mus musculus*		
Buntes Fell, $S \rightarrow s$	3×10^{-5}	
abgeschwächte Fellfarbe, $D \rightarrow d$	3×10^{-5}	
Mensch – *homo sapiens*		
normal $\rightarrow$ Hämophilie	3×10^{-5}	
normal $\rightarrow$ Albino	3×10^{-5}	
Menschliche Knochen – Markzellen in Gewebekulturen		
Normal $\rightarrow$ 8-azaguanin-resistent	7×10^{-4}	pro Zelle pro Teilung
Normal $\rightarrow$ 8-azaguanosin-resistent	1×10^{-6}	

[a)] Eine Umrechnung der anderen in dieser Tabelle genannten Mutationsraten auf „pro Gen" würde ihre Größenordnung nicht ändern.

hoch genug einzuschätzendes Mittel für die direkte Messung verschiedener genetischer Variationen in natürlichen Populationen erwiesen. Tabelle 2-1 zeigt, daß die Mehrzahl der bekannten Mutationen in Mikroorganismen mit einer Geschwindigkeit von 10^{-6} bis 10^{-9} pro Zelle und pro Generation vor sich geht, während sie bei mehrzelligen Organismen um einige Zehnerpotenzen höher liegen können. Die Raten der beiden Gruppen sind nicht genau vergleichbar, da sich bei vielzelligen Organismen im Laufe der Zeit Mutationen in der Keimbahn akkumulieren und der Organismus daher, je älter er ist, eine um so größere Anzahl von Mutationen aufzuweisen hat. Jedoch sind die Mutationsraten selbst bei Säugetiergewebekulturen, bei denen sie pro Zellteilung berechnet werden können, noch relativ hoch.

Es ist eine vernünftige Annahme, daß die Mutationsraten selbst einer genetischen Kontrolle unterliegen, die ihrerseits durch die natürliche Auslese modifizierbar ist. Es gibt *Mutator-Gene* (z.B. bei *Drosophila*), die die Mutationsraten an anderen Genorten beeinflussen, und diese könnten für die gelegentlich auftretenden außergewöhnlich hohen Raten bis zu 10^{-2} pro Zelle und pro Generation verantwortlich sein.

Rückmutation

Wenn Mutationen normale chemische Vorgänge sind, sollten wir erwarten können, daß sie reversibel sind, und zwar mit ganz bestimmten Raten. Dies ist tatsächlich der Fall. Herkömmlicherweise werden Mutationen von dem „normalen" oder Wildtyp zur Mutante als *„Vorwärts"*-*Mutationen* bezeichnet; *Rückmutationen* bringen die Mutante zum Wildtyp zurück. Bei *Drosophila melanogaster* mutiert z.B. ein für die Augenfarbe verantwortliches Gen von dem normalen leuchtenden Rot (W) zu einem schwächeren Rotton (W^e) und zurück mit der unten aufgeführten Geschwindigkeit.

$$W \underset{4{,}2 \times 10^{-5}}{\overset{1{,}3 \times 10^{-4}}{\rightleftarrows}} W^e.$$

Größe der Mutationen

Je nach dem Ausmaß der phänotypischen Veränderung unterscheidet man zuweilen zwischen verschiedenen Evolutionsgraden wie Mikroevolution, Mesoevolution und Makroevolution. Der Umfang der Veränderung steht in lockerem Zusammenhang mit der Anzahl sowohl der beteiligten Loci auf den Chromosomen als auch der an jedem dieser Genorte aufeinander erfolgten Alleländerungen. So mögen einfache Fälle der Mikroevolution die Substitution nur eines einzigen Allels in einer Population betreffen, wogegen bei solchen Extremfällen von Makroevolution wie der Entstehung der Vögel aus den Reptilien des Mesozoikums höchstwahrscheinlich viele aufeinander erfolgte Substitutionen an den Genorten sämtlicher Chromosomen stattgefunden haben. Natürlich hat man auch die extreme Möglichkeit in Erwägung gezogen – wie etwa RICHARD GOLDSCHMIDT in seiner berühmten „hopeful monster"-Theorie in den dreißiger Jahren –, daß eine Evolution großen Ausmaßes sich in einem einzigen genetischen Vorgang, d. h. mittels einer einzigen tiefgreifenden Makromutation abspielen kann. Außergewöhnliche neue Phänotypen entstehen gelegentlich aus spontanen Mutationen. Als Beispiele seien hier u. a. die Mutationen von Insekten genannt, bei denen ein Körperanhang in einen andersgearteten umgebildet wird: Antennen in Beine (Aristapedia-Mutante), Flügel in Beine, Halteren in Flügel usw. Aber es gibt nichts, was darauf hinweist, daß solche Extremformen jemals überleben, um den Anfang neuer taxonomischer Einheiten zu bilden. Im Gegenteil, die Erfahrung lehrt, daß je größer die Auswirkungen einer Mutation, um so größer auch die Wahrscheinlichkeit, daß die Mutante schlecht an ihre Umwelt angepaßt ist oder sich sogar als letal erweist. Der Grund für diese umgekehrte Korrelation kann anhand einer Analogie erläutert werden: Ähnlich wie gut gehende Uhren, funktionieren die meisten in der Natur vorkommenden Populationen zu jedem Zeitpunkt zwar nicht ganz perfekt, aber doch ziemlich optimal entsprechend den durch ihre Konstruktion vorgegebenen Grenzen. Eine Mutation ist eine zufallsbedingte Veränderung in der genetischen Regulierung dieses Funktionszusammenhanges. Sie läßt sich mit einem willkürlichen Eingriff in das Uhrwerk vergleichen, z. B. mit dem beliebigen Anziehen, Lockern oder sogar Entfernen einer Feder. Das Ergebnis kann möglicherweise näher an das denkbare Optimum heranführen, aber es ist sehr viel wahrscheinlicher, daß das Gegenteil eintritt. Und je größer die durch den Eingriff herbeigeführte Veränderung ist, desto größer ist auch die Wahrscheinlichkeit, daß sich der Mechanismus vom Optimum entfernt. Theoretisch mag es möglich sein, aus einem Reptil durch eine einzige schlagartige Veränderung der Chromosomen einen Vogel zu schaffen; doch ist dies nur eine Möglichkeit aus einer nahezu unbegrenzten Zahl anderer, denkbarer Resultate solch zufälliger, großer Mutationen. Fast alle würden eine äußerst geringe Lebensfähigkeit haben, und die Chance, daß gerade dieses eine Resultat eintritt, ist daher praktisch gleich null. Wir kommen also zu dem Schluß, daß die Mehrzahl der großen Veränderungen in der Evolution sich durch allmähliche Akkumulation kleinerer Mutationen bei gleichzeitigen schrittweisen Veränderungen im Phänotyp vollzieht; so weit bekannt, scheinen die Fossilienreihen diese Ansicht zu bestätigen.

Stabilität der Genfrequenzen

Kein anderer Vorgang in der Zelle ist so komplex und in seinen Folgen so weitreichend wie die Gametogenese. In diploiden Organismen vollzieht sich der entscheidende Schritt in der ersten Reifeteilung. Hier findet eine Paarung homologer Chromosomen, der Austausch von Chromosomenabschnitten und die Trennung in unterschiedliche Tochterzellen statt. Wir mögen uns mit Recht fragen, welchen Einfluß die Gametogenese sowie die daraufffolgende Wiederherstellung des diploiden Zustandes in der Zygote auf die Genfrequenzen hat. Kurz gesagt: führt der Lauf der Gene durch Teilung und Rekombination zu Evolution? Die Antwort heißt nein. Die Genfrequenzen bleiben gleich, und von ihnen lassen sich leicht die Häufigkeiten der diploiden Genotypen ablesen.

Um zu verstehen, warum das so ist, betrachten wir zuerst den schematisierten Lebenszyklus eines diploiden Organismus in Abb. 2-4. Da hier die grundlegenden Mendelschen Vererbungsgesetze befolgt werden, nennen wir diese sich kreuzende Individuengruppe eine *Mendel-Population*. Zur Erleichterung unserer Überlegungen machen wir zusätzlich die Annahme der *Panmixie*. Eine panmiktische Population ist gekennzeichnet durch zufällige Paarung der spezifischen in Frage kommenden Gene, d.h. jedes paarungsbereite Individuum hat die gleiche Chance, sich mit jedem paarungsbereiten Individuum des anderen Geschlechts zu paaren. Betrachten wir die relative Häufigkeit p des Allels A und q des Allels a, wobei $p+q=1$ ist. Wir wollen herausfinden, ob es in dem Lebenszyklus Ereignisse gibt, die p und q verändern, und wie die Häufigkeitsverteilungen der diploiden Genotypen AA, Aa und aa sein werden.

Da es sich um eine panmiktische Population handelt, sind die Gameten beliebig gemischt. Jeder Gamet ist Träger entweder von A oder a. Um die auf p von A und q von a basierenden Häufigkeiten der diploiden Individuen vorauszusagen, bedienen wir uns eines grundlegenden Theorems der Wahrscheinlichkeitstheorie: *Die Wahrscheinlichkeit, daß zwei unabhängige Ereignisse gleichzeitig eintreten, ist gleich dem Produkt der Wahrscheinlichkeiten beider Ereignisse.* Mit anderen Worten, wenn p die Wahrscheinlichkeit (=Häufigkeit) der A-Gameten und damit gleichzeitig die Frequenz der A-Gene in der gesamten panmiktischen Population ist, dann beträgt die Wahrscheinlichkeit, daß zwei A-Gameten bei der Befruchtung zusammenkommen, einfach $p \times p = p^2$. Das Kreuzungsschema in Abb. 2-5 zeigt die Häufigkeiten aller möglichen Kombinationen. Hier sind die diploiden Genotypen (AA, Aa, aa) als Indizes an ihren jeweiligen Anteilen vermerkt. Wenn wir die einzelnen Häufig-

a) n diploide Organismen

b) bilden in der Fortpflanzungszeit einen Gametenpool von dem $2n$

c) sich paarweise vereinigen, woraus n diploide Organismen entstehen

Abb. 2-4. *Schematisierter Lebenszyklus* eines diploiden Organismus. Hier produzieren n diploide Organismen (*oben*) in der Fortpflanzungszeit einen „Gametenpool" (*Mitte*). $2n$-Gameten vereinigen sich zu Paaren und bilden n diploide Organismen (*unten*). Segregation und Rekombination verursachen keine Veränderung in den Genfrequenzen und bewirken daher keine Evolution

keiten des Schemas addieren und uns dabei vor Augen halten, daß die Summe gleich eins ist, so erhalten wir

$$p^2{}_{AA} + 2pq_{Aa} + q^2{}_{aa} = 1.$$

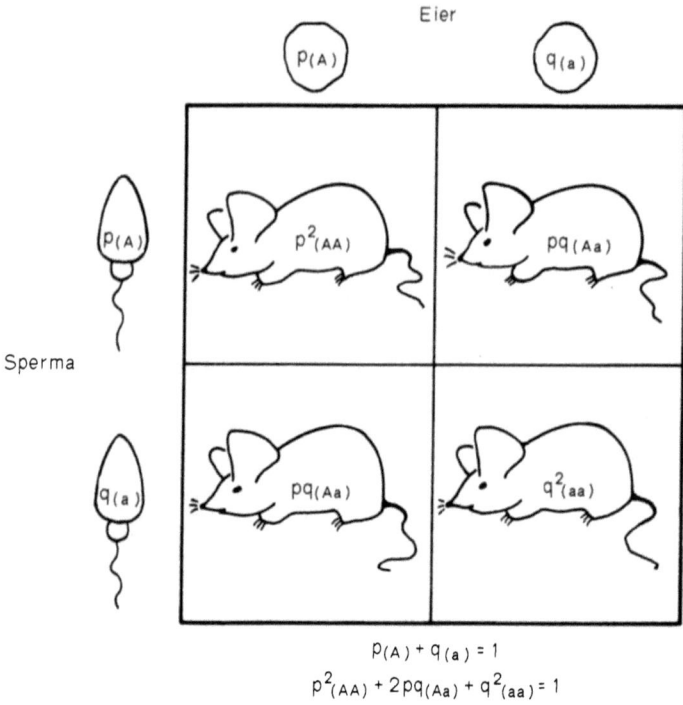

Abb. 2-5. *Grundlage des Hardy-Weinberg-Gleichgewichts.* Das Kreuzungsschema zeigt die Häufigkeiten aller möglichen Kombinationen

Zu demselben Ergebnis können wir auch auf die folgende Weise gelangen:

$$(p_A + q_a)^2 = p^2{}_{AA} + 2pq_{Aa} + q^2{}_{aa} = 1,$$

da $p+q=1$ und $1^2=1$. Dies ist die Gleichung für eine binomiale Verteilung in einem 2-Allel-System. In der Genetik heißt sie die *Hardy-Weinberg-Formel* oder das Hardy-Weinberg-Gesetz nach dem Mathematiker G. H. HARDY und dem Biologen W. WEINBERG, die es unabhängig voneinander als erste 1908 auf die Biologie anwandten. Es folgt, daß, wenn es sich um mehr als zwei Allele mit den Häufigkeiten $p, q, r, s, \ldots$ handelt, die diploiden Häufigkeiten nach der multinomialen Verteilung

$$(p+q+r+s+\ldots)^2 = 1$$

berechnet werden können.

In den meisten mathematischen Modellen werden die Häufigkeiten $(q+r+s+\ldots)=1-p$ zusammengenommen und als eine einzige Frequenz (mit der Bezeichnung q) behandelt, um die Verteilung auf den binomialen Fall zu reduzieren und somit zu erleichtern. In der Praxis reicht diese Methode aus zur Berechnung der Häufigkeiten eines einzelnen Allels gegenüber allen anderen Allelen an demselben Locus.

Anhand der binomialen Verteilung läßt sich leicht zeigen, daß die Genhäufigkeiten von Generation zu Generation konstant bleiben:

Von der Summe der Genotyphäufigkeiten der gegenwärtigen Population, $p^2 + 2pq + q^2$, nehmen wir den Anteil, der von $p(A)$ zur nächsten Generation beigesteuert wird, das sind alle AA-Individuen und die Hälfte der Aa-Individuen: $p^2 + pq$. Da $q = 1 - p$, ergibt sich

$$p^2 + pq = p^2 + p(1-p) = p,$$

d.h. die ursprüngliche Genfrequenz p von A bleibt erhalten.

Aus Symmetriegründen folgt, daß die Häufigkeit von a in der nächsten Generation gleich q sein wird.

Charakteristisch für panmiktische Mendelsche Systeme ist, daß sie – gleichgültig welches die Anfangshäufigkeiten der diploiden Genotypen sein mögen – in der nächsten Generation und allen darauffolgenden Generationen der Binomialverteilung entsprechen. Nehmen wir z. B. an, wir wollten 6000 AA-Individuen mit 4000 aa-Individuen paaren; dann betrügen die anfänglichen diploiden Frequenzen AA 0,60, Aa 0,00, aa 0,40; d.h. $p = 0,6$ und $q = 0,4$. In der nächsten Generation und in allen nachfolgenden Generationen können wir erwarten, daß sich das Verhältnis – wenn wir von Zufallsabweichungen absehen – gemäß der Binomialverteilung einstellt. Die Häufigkeit von AA wäre $p^2 = 0,36$; die von Aa $2pq = 0,48$ und die von aa $q^2 = 0,16$. Die Häufigkeit des A-Allels wäre dann $0,36 + 1/2(0,48) = 0,36 + 0,24 = 0,60$, also wiederum die Ausgangshäufigkeit.

Aufgabe: Verkümmerte Flügel bei *Drosophila* unterliegen der Kontrolle eines einzigen rezessiven Gens. In einer Population haben 10^{-4} der ausgewachsenen Individuen verkümmerte Flügel. Berechne die Häufigkeit der Heterozygoten zu Beginn der nächsten Generation (d.h. bevor natürliche Selektion stattfindet).

Antwort: Wenn wir die Häufigkeit der homozygoten rezessiven Gene wie gewöhnlich mit q^2 bezeichnen, dann ist die zu erwartende Frequenz q des rezessiven Allels in der nächsten Generation gleich der Quadratwurzel aus 10^{-4}: $\sqrt{10^{-4}} = 0,01$. Die Frequenz p des dominanten Allels ist daher $1-0,01=0,99$ und die erwartete Frequenz der Heterozygoten $2pq=0,0198$.

Aufgabe: Die organische Verbindung Phenylthiocarbamid (PTH) schmeckt für die meisten Menschen sehr bitter. Die Unfähigkeit, PTH wahrzunehmen, hängt von einem einzigen rezessiven Gen ab. Von der weißen Bevölkerung Nordamerikas können ungefähr 70% PTH schmecken und 30% nicht. Es sind die Häufigkeiten der Schmecker (T)- und der Nichtschmecker (t)-Allele sowie die Häufigkeiten der diploiden Genotypen zu berechnen.

Antwort: Wir gehen von den Nichtschmeckern (tt) aus. Wenn Hardy-Weinberg-Bedingungen zutreffen, ist also $q^2=0,30$. Die Quadratwurzel von 0,30 ist $q=0,55$ und somit ist 0,55 die geschätzte Frequenz des t-Allels. Die Frequenz des T-Allels kann berechnet werden aus $p=1-q=0,45$; damit ergibt sich die Frequenz der homozygoten Schmecker (TT) als $p^2=0,20$ und die Häufigkeit der heterozygoten Schmecker (Tt) als $2pq=0,50$. Die 70% Schmecker in der US-Population bestehen also zu 2/7 aus Homozygoten und zu 5/7 aus Heterozygoten.

Das Hardy-Weinberg-Gleichgewicht gilt als Ausgangspunkt für jede Theorie der Evolutionsgenetik. Bei der Analyse realer Populationen wird es benutzt, um Hypothesen der Panmixie oder einer Stagnation der Evolution zu untersuchen. Herrscht in einer Population Panmixie und unterliegt die Population auch keiner evolutionären Veränderung, so werden die Genotypfrequenzen – bei Berücksichtigung methodisch bedingter Abweichungen – der Binomialverteilung entsprechend den beobachteten Genfrequenzen folgen. Weisen die Frequenzen signifikante Abweichungen auf, so muß geprüft werden, ob (1) nichtzufällige Paarung zwischen den Genotypen vorliegt, z.B. ob die Individuen Paarungspartner des eigenen Genotypus bevorzugen oder ob (2) eine Änderung in den Häufigkeiten nachweisbar ist, die auf einen der in den folgenden Abschnitten beschriebenen evolutionären Faktoren zurückgeht, oder ob beides zutrifft. Wenn andererseits die Verteilung der Binomialverteilung verhältnismäßig nahekommt, so ist dies an sich noch kein Beweis für Panmixie und Evolutionsstillstand. Es ist denkbar, daß ungewöhnliche evolutionäre Veränderungen vorkommen, die ebenfalls zu der Binomialverteilung führen. Schließlich kann auch noch Inzucht unterschiedlichen Grades vorliegen, oder es treten genetische Veränderungen auf, die zwar in phylogenetischer Sicht signifikant sind, aber so langsam ablaufen, daß sie bei relativ kurzfristigen Untersuchungen nicht entdeckt werden.

Bedeutung der geschlechtlichen Vermehrung

Der genetische Effekt der normalen geschlechtlichen Vermehrung liegt darin, daß in der diploiden Phase jeder Generation eine neue Vielfalt geschaffen wird. Dies geschieht mit beispielloser Effizienz. Im Falle der ungeschlechtlichen Organismen, bei denen keine Rekombination stattfindet, kann die Variabilität nur durch neue Mutationen bzw. durch Zuwanderung neuer Typen von außen erhöht werden. Kommt normale sexuelle Fortpflanzung hinzu, so können im Verlauf jeder Gametenbildung durch Crossing over neue Genkombinationen in demselben Chromosom geschaffen werden. Da die Organismen außerdem zumindest in den ersten Lebensstadien diploid sind, können bei jeder Befruchtung sogar noch mehr neue Chromosomenkombinationen auftreten. Das Zusammenwirken von Crossing over, aus dem sich neue Genkombinationen auf demselben Chromosom ergeben, und der freien Verteilung der Chromosomen, die eine Veränderung der Chromosomenkombinationen bewirkt, führt zu einer praktisch unendlichen genetischen Vielfalt. Beim einfachsten Fall eines Allelsystems produzieren zwei Allele an einem Genort nur drei diploide Genotypen: AA, Aa, aa. Bringen wir einen zweiten Genort mit zwei Allelen dazu, so sind neun Genotypen möglich: AABB, AABb, AAbb, AaBB, AaBb, Aabb, aaBB, aaBb, aabb. Die Anzahl möglicher diploider Genotypen mit n solcher Loci ist 3^n. Allgemein ausgedrückt: Wenn es für einen beliebigen Locus m Genotypen gibt, dann ist die Gesamtzahl der Genotypen für n Loci das Produkt $m_1 m_2 m_3 \ldots m_n$. In der Mehrzahl der Mendel-Populationen ist die Anzahl der Loci sehr groß. Man nimmt z.B. an, daß es sowohl bei *Drosophila melanogaster* wie auch beim Menschen mindestens 10000 oder mehr Loci gibt, von denen viele zahlreiche Allele aufweisen. Die Zahl der denkbaren diploiden Genotypen bei einem solchen Genom ist astronomisch hoch; in der Tat ist sie bei den beiden genannten Gattungen so groß, daß sie die Anzahl sämtlicher Atome im sichtbaren Universum übersteigt! So wird durch die Sexualität in jeder Generation der Umwelt kaleidoskopartig eine neue Auswahl von Genotypen angeboten, wobei gleichzeitig die Grundelemente, die Allele, und ihre Häufigkeiten, ungefähr beibehalten werden. Das führt dazu, daß Populationen mit geschlechtlicher Fortpflanzung eine weitaus größere Anpassungsfähigkeit gegenüber sich verändernden Umweltbedingungen aufweisen als solche mit ungeschlechtlicher Fortpflanzung. Darin wird wohl der Grund dafür zu suchen sein, daß die Sexualität universal ist und nur bei wenigen Organismengruppen mit speziellen Erfordernissen aufgegeben wurde. Wenn z. B. eine sehr schnelle Vermehrung nötig ist, dann kann eine ungeschlechtliche Vermehrung von größerem Vorteil sein.

Evolutionsfaktoren

Die geschlechtliche Vermehrung und die damit in Zusammenhang stehenden Kräfte der Rekombination bedingen keine Veränderungen in den Genfrequenzen. Fünf andere Faktoren sind hierfür verantwortlich:

1. Mutationsdruck
2. Meiotic Drive
3. Genfluß
4. Selektion
5. Genetische Drift

Die ersten vier Faktoren sind deterministisch, d. h. sie erfolgen mit bestimmten Geschwindigkeiten in einer bestimmten Richtung, die bei Populationen meßbar sind und mit deren Hilfe spezifische Ergebnisse vorausberechnet werden können. Die vor allem von R. A. FISHER, J. B. HALDANE und S. WRIGHT um 1920 entwickelte klassische mathematische Theorie der Populationsgenetik behandelte diese Kräfte, als ob sie in unendlich großen Populationen von Organismen wirksam wären, ähnlich wie die theoretische Physik die Populationen von Partikeln behandelt, als ob sie unendlich viele Partikel besäßen. Die sich daraus ergebenden Resultate sind nur als erste Annäherungen brauchbar. Populationen von Organismen sind ganz offensichtlich endlich und häufig sogar verhältnismäßig klein. Als Korrekturfaktor dieser elementaren Theorie wurde, ebenfalls in den zwanziger Jahren, der Begriff der *genetischen Drift* eingeführt. Dieser umfaßt alle Abweichungen, die aufgrund des Zufalls in endlichen Populationen auftreten. Die Funktion der genetischen Drift in Verbindung mit den deterministischen Faktoren war mathematisch einer der bisher interessantesten Aspekte der Evolutionstheorie. In den folgenden Abschnitten wird jeder der Evolutionsfaktoren gesondert betrachtet.

Zur besseren Orientierung soll hier jedoch zunächst das Verhältnis zwischen Theorie und Beobachtung noch einmal geklärt werden. Die mathematische Theorie basiert auf den elementaren Mendelschen Vererbungsgesetzen, die als Postulate zugrunde gelegt werden. Jeder der fünf Faktoren, z. B. die Mutationsrate und der Selektionskoeffizient, wird als modellhafter Parameter behandelt. Diese Parameter werden in einer

Gleichung zueinander in Beziehung gesetzt und beliebig variiert und lassen so ihre relative Bedeutung für die Veränderung der Genfrequenzen unter einer Vielzahl denkbarer Bedingungen erkennen. Eine solche modellhafte Behandlung ist eine wertvolle Hilfe bei der Festsetzung unterer und oberer Grenzen, wie etwa der kleinsten und der größten Veränderungen, die von einem Faktor unter den verschiedensten Bedingungen hervorgerufen werden. Sie kann ebenfalls dazu verwandt werden, die Auswirkungen spezifischer realer Situationen vorherzusagen, z. B. die Veränderungsraten bei unterschiedlichen Häufigkeiten oder das Erreichen und Nicht-Erreichen eines Gleichgewichts. Auf diese Weise kann die Theorie selbst getestet und korrigiert werden. Der Sinn der mathematischen Theorie liegt also darin, alle denkbaren Möglichkeiten durchzuspielen. Ziel der experimentellen und praktischen Populationsgenetik ist es, die realen Möglichkeiten zu behandeln: die Parameter zu messen, neue Parameter zu suchen und die Theorie zu vervollkommnen, die letztlich unsere wirksamste Methode ist, die reale Welt zu betrachten.

Häufig ist die Frage zu hören, warum wir nicht bei der realen Welt bleiben und unsere Erfahrungen in kurzer beschreibender Form verallgemeinern. Die einzige Antwort darauf ist, daß eine solche Methode sich niemals als adäquat erweisen wird. In der Evolutionsbiologie bringt sie induktive Verallgemeinerungen hervor, die als Tendenzen oder „Regeln" formuliert werden. So tendieren z. B. die nördlichen Säugetier- oder Vogelrassen zu einem größeren Wuchs als die südlichen Rassen derselben Gattung (Bergmannsche Regel), und die Evolution ist im allgemeinen nicht umkehrbar (Dollosche Regel). Erklärungen der kausalen Zusammenhänge – die Essenz jeder Wissenschaft – sind mit Hilfe solcher Methoden kaum zu finden und noch seltener zu beweisen. Die beschreibende, naturgeschichtliche Phase der Wissenschaft wird letztlich durch eine deduktive, theoretische, ihrer Natur nach vorwiegend mathematische Phase ersetzt, in der die Abstraktionen und Maßstäbe geschaffen werden, die zur Vertiefung der Kausalanalyse erforderlich sind.

Zum besseren Vergleich der beiden Methoden überlegen wir uns, wie jede von ihnen die Schwerkraft erklären würde. Die naturgeschichtliche Erklärung würde feststellen, daß freie Objekte eine starke Neigung zeigen, zu Boden zu fallen, mit unterschiedlichen, noch zu spezifizierenden Geschwindigkeiten, und daß Vögel, Flugzeuge und Himmelskörper Ausnahmen darstellen. Die deduktive Theorie würde sich mit Massen- und Geschwindigkeitsmodellen befassen, die auf alle Objekte, sowohl auf die fallenden wie auch auf die fliegenden angewandt werden können. Die rein deskriptive Methode gilt zwar für viele Situationen, doch könnte sie uns leicht zu der Schlußfolgerung verleiten, daß die Schwerkraft kein universales Phänomen ist. Die theoretische Methode ist daher notwendig, um die Schwerkraft in ihrer Universalität und Vorhersagekraft als den Schlüssel der Himmelsmechanik darzustellen.

Zum leichteren Verständnis können wir vorher noch eine weitere nützliche Verallgemeinerung über die Populationsgenetik als Wissenschaft anführen. Wegen der ihr eigenen praktischen Schwierigkeiten liegt die experimentelle Forschung gegenwärtig weit hinter der mathematischen Theorie zurück. Bei Freilanduntersuchungen, die manchmal als *ökologische Genetik* bezeichnet werden, sieht es sogar noch schlechter aus; in der Tat steckt dieser wichtige Zweig der Populationsbiologie noch sehr in den Kinderschuhen. Die Mehrzahl der Kontroversen der letzten Jahre über die Evolutionstheorie betrifft keinesfalls die reine Theorie, sondern eher die Größe der durch die Theorie definierten Parameter in realen Populationen. Zum Beispiel ist die umfangreiche Polemik in der jüngsten Literatur über die Bedeutung der genetischen Drift tatsächlich eine Folge unserer Unkenntnis über die Größe der natürlichen Selektion und des Genflusses in realen Populationen. Sind Selektionskoeffizient, Genaustausch mit anderen Populationen und Populationsgröße in einem gegebenen System erst einmal bekannt, so wird es kaum Meinungsverschiedenheiten über den Zufallseffekt der genetischen Drift geben. Erst wenn wir mehr und umfassendere empirische Daten aus Labor- und Freilanduntersuchungen haben, können wir über Populationen als Ganzes Verallgemeinerungen anstellen. Wir sollten versuchen, uns diese Unterscheidung zwischen allgemeiner Theorie und empirischem Nachweis deutlich einzuprägen, wenn wir uns jetzt mit den folgenden Abschnitten beschäftigen.

Mutationsdruck

Wenn Mutationen auftreten, so schaffen sie nicht nur neues genetisches Material, das dann den Einwirkungen der anderen Evolutionsfaktoren unterliegt, sondern in gewissem Umfang verändern sie zwangsläufig auch die Genfrequenzen. Darüber, ob diese Genfrequenzmodifizierungen zu vernachlässigen sind oder nicht, läßt sich streiten. Es ist zumindest denkbar, daß Mutationen zuweilen so häufig und so stark in einer Richtung auftreten, daß sie notwendigerweise zur Substitution von einem Gen nach dem anderen führen. Stellen wir uns eine Reihe von Allelen vor, in denen Mutationen in einer bestimmten Richtung mit hoher Geschwindigkeit erfolgen:

$$a_1 \rightarrow a_2 \rightarrow a_3 \rightarrow a_4.$$

Stellen sich dieser Tendenz keine anderen signifikanten evolutionären Kräfte entgegen, so würden sich alle Populationen am Ende in gleicher Weise bei a_4 stabilisieren. Es würde nurmehr a_4a_4-Individuen geben. Solch ein extremes Phänomen wäre, wenn es einträte, ein Mechanismus der *Orthogenese*, d. h. einer zielstrebigen, geradlinigen Evolution, die nicht durch Umweltfaktoren beeinflußt ist. Ursprünglich wurde der Begriff Orthogenese auf größere evolutionäre Veränderungen angewandt, die in Fossilienreihen beobachtet worden waren. Er gründete sich auf unzulängliche Daten, die den Eindruck autonomer Entwicklungskräfte vortäuschten. Dieser primitive Begriff der Orthogenese, der in seinem Ursprung vitalistisch und gänzlich unvereinbar mit der Genetik war, ist inzwischen fast völlig aufgegeben worden. Genetische Orthogenese, wie wir sie unserem Modell zugrunde gelegt haben, ist zwar denkbar, aber höchst unwahrscheinlich. Damit wir verstehen, warum das so ist, müssen wir unser Modell noch etwas analytischer konstruieren. Nehmen wir an, p sei die Frequenz eines Allels a_1, und hiervon mutiere ein Anteil μ pro Generation zu dem zweiten Allel a_2. Diese Rate der Frequenzänderung kann ausgedrückt werden als

$$\frac{dp}{dt} = -\mu p, \tag{1}$$

wobei t die Anzahl der Generationen angibt. Mit anderen Worten: die Geschwindigkeit, mit der die Genfrequenz sich zu einem bestimmten Zeitpunkt ändert, ist nichts anderes als ein bestimmter Bruchteil der Genfrequenz zu ebendiesem Zeitpunkt, an dem wir die Veränderung messen. Die Konstante μ wird als *Mutationsrate* bezeichnet. Die Lösung der Differentialgleichung führt zur elementaren Zerfallsgleichung:

$$\frac{dp}{p} = -\mu dt$$

$$\int \frac{dp}{p} = -\int \mu dt$$

$$\ln p = -\mu t + \ln c$$

$$p = c e^{-\mu t}.$$

Setzen wir $p = p_0$ als Anfangshäufigkeit von a_1, wobei $t = 0$ ist, so gilt $c = p_0$. Nennen wir p_t die Frequenz zur Zeit t, so erhalten wir:

$$p_t = p_0 e^{-\mu t}. \tag{2}$$

Dabei ist zu beachten, daß, da a_1 zu a_2 mutiert, seine Häufigkeit p abnimmt, während q, die Häufigkeit von a_2, zunimmt. Da $p + q = 1$, ergibt sich $q_t = 1 - p_0 e^{-\mu t}$.

Rufen wir uns Tabelle 2-1 ins Gedächtnis zurück und erinnern wir uns, daß μ für die Mehrzahl der Mutationen bei 10^{-4}/Zelle/Generation oder darunter liegt. Aus Gl. (2) ergibt sich, daß die Anzahl der Generationen gleich dem reziproken Wert von μ sein muß, um p auf etwa $\frac{1}{3}$ von p_o zu reduzieren: Wenn $t=\frac{1}{n}$, dann ist $p_1=\frac{1}{e}p_o\approx\frac{1}{3}p_o$. Die meisten Mutationen brauchen also ungefähr 10^4 Generationen, um die Genfrequenz auf ein Drittel ihres ursprünglichen Wertes zu verringern, und mehr als doppelt so viel Zeit, um eine Reduktion auf ein Zehntel zu erreichen. Zudem ist es möglich, daß Gl. (2) eine noch zu hohe Veränderungsrate angibt. Es wird nämlich vorausgesetzt, daß weder Rückmutationen zu a_1 stattfinden, noch daß irgendein anderer Evolutionsfaktor in nennenswertem Ausmaß wirksam wird. Dies ist jedoch bei vielzelligen Organismen mit größter Wahrscheinlichkeit nicht der Fall. Eine einzige Gensubstitution – selbst bei maximaler Geschwindigkeit – könnte bei solchen Organismen Hunderte oder Tausende von Jahren benötigen. In Mikroorganismen andererseits, bei denen eine Generation nur Minuten oder Stunden dauert, könnte solch eine Veränderung nur Tage beanspruchen. Bis jetzt ist unsere Kenntnis der Populationsdynamik bei Mikroorganismen noch zu lückenhaft, als daß wir uns ein Urteil darüber erlauben könnten, ob unter natürlichen Bedingungen auf diese Weise tatsächlich eine signifikante Evolution verlaufen kann.

Es scheint sinnvoll, an diesem Punkt den allgemeinen Begriff des *Genetischen Gleichgewichtes* einzuführen. In unserem speziellen Falle fragen wir nach dem *Mutationsgleichgewicht*. Bezeichnen wir die Vorwärts- und Rückmutationsraten zwischen a_1 und a_2 mit μ und ν (den griechischen Buchstaben mü und nü):

$$a_1 \underset{\nu}{\overset{\mu}{\rightleftarrows}} a_2.$$

Dieses Mal wollen wir die Veränderungen von q, der Häufigkeit von a_2 verfolgen. Die Veränderung Δq pro Generation ist gleich dem Gewinn durch Vorwärtsmutationen von a_1 nach a_2 (μp) abzüglich dem Verlust bei Rückmutationen von a_2 nach a_1 (νq), oder

$$\Delta q = \mu p - \nu q = \mu(1-q) - \nu q. \tag{3}$$

Bei der *Gleichgewichtsrate* $\hat{q}$ (ausgesprochen: „q Dach") ist definitionsgemäß $\Delta q = 0$, denn im Gleichgewicht gibt es keine Veränderung. Setzen wir in Gl. (3) $\Delta q = 0$ und lösen nach $\hat{q}$ auf, so erhalten wir

$$\hat{q} = \frac{\mu}{\mu+\nu}.$$

Für $\hat{p}$ können wir eine entsprechende Gleichung erhalten. Teilen wir die eine Gleichung durch die andere, so kommen wir zu

$$\frac{\hat{q}}{\hat{p}} = \frac{\mu}{v},$$

d. h. im Gleichgewichtszustand verhalten sich die Allelfrequenzen zueinander wie die Mutationsraten, die die Allele produzieren.

Aufgabe: In Bakterien der Gattung *Salmonella* gibt es bestimmte Stämme, die sich nur durch einzelne Gene unterscheiden und im Phänotyp so ähnlich sind, daß sie nur mit Hilfe der empfindlichsten Methoden, z. B. durch Antigen-Antikörper-Reaktionen in Kaninchenblut, identifiziert werden können. In sehr großen Populationen, wie sie in reinen Laborkulturen vorkommen, können Mutationen von einem Stamm zum anderen leicht gemessen werden. In einem von B. A. D. STOCKER untersuchten Fall fanden Mutationen von einem Stamm (nennen wir ihn a_1) zu einem anderen (a_2) mit einer Geschwindigkeit von $5{,}2 \times 10^{-3}$ statt, während sich die Rückmutation mit einer Geschwindigkeit von $8{,}8 \times 10^{-4}$ vollzog. Es sind die Gleichgewichtsfrequenzen für beide Stämme zu berechnen.

Antwort: Zur Anschaulichkeit benutzen wir das folgende Schema:

$$a_1 \underset{v = 8{,}8 \times 10^{-4}}{\overset{\mu = 5{,}2 \times 10^{-3}}{\rightleftarrows}} a_2.$$

Wenn q die Frequenz von a_2 und p die Frequenz von a_1 ist, dann ist

$$\hat{q} = \frac{\mu}{\mu + v} = 0{,}86,$$

$$\hat{p} = 1 - \hat{q} = 0{,}14.$$

Diese Werte weichen nicht mehr als 1 Prozent von experimentell erzielten Ergebnissen ab.

Meiotic Drive

Wenn ein Allel in mehr als der Hälfte der erfolgreichen Gameten von Heterozygoten enthalten ist, so kann seine Frequenz zunehmen, selbst wenn das Allel schädlichen Einfluß hat. Ungleiche Gametenproduktion, die nur auf den Mechanismus der Meiose zurückzuführen ist, hat man *Meiotic Drive* genannt. Dessen Einfluß läßt sich in der Praxis nur schwer von der *Gametenselektion* unterscheiden, d. h. von der verschiedenen Zellsterblichkeit in der Zeitspanne zwischen der Reduktionsteilung der Meiose und der Zygotenbildung. Gametenselektion besprechen wir am besten in dem Abschnitt über die natürliche Auslese. Echter Meiotic Drive als evolutionäre Kraft wird erst seit den letzten fünfzehn Jahren untersucht; eine formale Behandlung ist von CROW und KIMURA (1970) durchgeführt worden. Verbreitung und allgemeine Bedeutung des Phänomens sind noch nicht bekannt.

Das am genauesten untersuchte Beispiel ist der Segregation-Distorter-Locus (SD) von *Drosophila melanogaster*. Der Locus befindet sich in dem centromeren Heterochromatin von Chromosom 2. Die für den SD-Locus heterozygoten Männchen geben ihn in großen Mengen weiter, wogegen heterozygote Weibchen normale Segregation aufweisen. Der Meiotic Drive scheint sich in diesem Fall aus einer Wechselwirkung zwischen SD- und SD^+-(normalen) Chromosomen während der Synapsis zu ergeben. Wird die Synapsis bei den Männchen durch die Nähe anderer Chromosomenabnormitäten verhindert, so ist die Segregation normal. Wahrscheinlich ist es auch von Bedeutung, daß bei den Männchen kein Crossing over der Chromosomen stattfindet. Obwohl das SD-Chromosom in einigen natürlichen Populationen zu finden ist, kommt es gewöhnlich nicht vor (unter 10%), was uns zu der Annahme führt, daß es einem bisher noch nicht näher bekannten negativen Selektionsdruck unterliegt. Die niedrigen Frequenzen sind wahrscheinlich der Ausdruck eines dynamischen Gleichgewichts, in dem die natürliche Selektion dem Meiotic Drive entgegenwirkt. Unter diesen Umständen würde man erwarten, daß auch die Gene, die in der Lage sind, den SD-Effekt zu bekämpfen, indem sie die deformierende Kraft des Locus verringern, durch Selektion begünstigt werden. In der Tat hat man festgestellt, daß in Populationen, in denen der SD-Locus existiert, unter SD^+-Allelen eine größere SD-Unempfindlichkeit vorherrscht als in Populationen ohne SD-Locus.

Genfluß

Außer durch die natürliche Selektion können beachtliche Änderungen der Genfrequenzen am schnellsten dadurch erzielt werden, daß man in

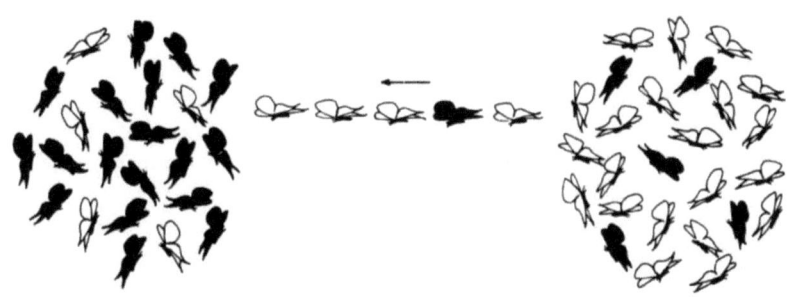

Abb. 2-6. *Evolution durch Genfluß.* Die Population α (links), mit einer Frequenz von q_α des weißen Allels, erhält in jeder Generation einen Teil (m) seiner Individuen von der Population β (rechts), die die Frequenz q_β des weißen Allels besitzt

eine Population eine Gruppe genetisch unterschiedlicher Individuen einführt. Nehmen wir an, eine Population (mit der Bezeichnung α), die eine Frequenz q_α eines bestimmten Allels aufweist, bekommen den Anteil m seiner Individuen in der nächsten Generation von einer zweiten Population (genannt β) mit einer Frequenz q_β des gleichen Allels. Um unser intuitives Verständnis des Vorganges zu erleichtern, beschäftigen wir uns mit der Darstellung in Abb. 2-6, die den Einfluß der Einwanderung auf die Frequenz (q_α) des weißen Allels in einer fiktiven Schmetterlingspopulation wiedergibt.

Wir können feststellen, daß die Frequenz des Allels in Population α geändert wird, bis sie so groß ist wie die Frequenz des Allels in dem nicht-eingewanderten Teil der Population (q_α) mal dem Anteil der nicht eingewanderten Individuen ($1-m$), plus der Frequenz desselben Allels unter den Einwanderern (q_β) multipliziert mit dem Anteil der neu eingewanderten Individuen (m) in der Population. Die neue Frequenz (q'_α) ist somit

$$q'_\alpha = (1-m)q_\alpha + mq_\beta,$$

und die Größe der Veränderung in einer Generation ist

$$\Delta q = q'_\alpha - q_\alpha = -m(q_\alpha - q_\beta). \tag{4}$$

Diese Gleichung sollte jeder für sich selbst ableiten, um auf diese Weise sein Verständnis zu vertiefen. Wenn er dann einige erdachte Zahlen einsetzt und das resultierende Δq ausrechnet, so wird er sich darüber klarwerden, daß nur ein geringer Unterschied in der Genfrequenz (von der Größe, die bei getrennten Populationen häufig beobachtet wird) zusammen mit einem mittleren Migrationskoeffizienten (m) erforderlich ist, um einen erheblichen evolutionären Wandel zu bewirken. Dieses

Phänomen bezeichnet man als *Genfluß* oder *Migrationsdruck*, von dem zwei Kategorien unterschieden werden können: *Intraspezifischer Genfluß* zwischen geographisch getrennten Populationen derselben Art und *Interspezifische Bastardierung*. Ersteres läßt sich ständig zwischen zahlreichen Pflanzen- und Tierarten beobachten und bestimmt maßgeblich die Muster der geographischen Verteilung. Interspezifische Kreuzung findet statt, wenn die Schranken, die normalerweise die Arten trennen, verschwinden. Gewöhnlich ist sie nur eine vorübergehende Erscheinung, oder zumindest schnell veränderlich. Obwohl sie nicht so häufig vorkommt wie Genfluß innerhalb der Arten, hat sie einen viel weitreichenderen Einfluß, da die Anzahl der Genunterschiede, durch die normalerweise die Arten getrennt werden, größer ist.

Natürliche Selektion: Allgemeine Prinzipien

Natürliche Selektion ist ganz einfach die *unterschiedliche Veränderung der relativen Frequenzen von Genotypen aufgrund der unterschiedlichen Fähigkeit ihrer Phänotypen, in der nächsten Generation vertreten zu sein.* Diese verschiedene Tauglichkeit kann viele Gründe haben: unterschiedliche Fähigkeiten beim direkten Wettbewerb mit anderen Genotypen; unterschiedliche Überlebensfähigkeit im Kampf gegen Parasiten, Räuber und Veränderungen in der unbelebten Umwelt; unterschiedliche Reproduktionsfähigkeit; unterschiedliches Behauptungsvermögen in neuen Habitaten usw. Jede dieser Komponenten stellt, allein oder in Verbindung mit den anderen, natürliche Selektion dar. Unterschiedliche Reproduktion bedeutet lediglich, daß ein Genotyp mit größerer Geschwindigkeit als ein anderer zunimmt; genauer gesagt, dn/dt variiert von Genotyp zu Genotyp. Die absolute Wachstumsrate ist in diesem Zusammenhang bedeutungslos; alle untersuchten Genotypen können absolut zu- oder abnehmen, während sie sich gleichzeitig im Grad der Zu- oder Abnahme unterscheiden. Der Begriff der natürlichen Auslese ist so weit gefaßt, daß er als Synonym für genetische Adaptation in Populationen verstanden werden kann. Die natürliche Selektion wirkt auf die durch Mutation geschaffenen genetischen Neuerungen und bestimmt über die Anpassung der Populationen weitgehend die Richtung der Evolution.

Eine selektive Kraft kann die Variation einer Population in völlig verschiedener Art beeinflussen. Die drei wichtigsten Typen sind in Abb. 2-7 dargestellt. In den Diagrammen ist die phänotypische Variation, aufgetragen an der horizontalen Achse, gemäß einer Normalverteilung dargestellt; die Frequenzen werden entlang der vertikalen Achse gemessen.

Gewöhnlich herrscht Normalverteilung, doch ist sie unter ständig variierenden Merkmalen nicht universal. Die *stabilisierende Selektion* (manchmal auch *optimierende Selektion* genannt) kann eine übergroße Eliminierung von Extremen und damit eine Verminderung der Variation beinhalten; die Verteilung „zieht ihre Randbezirke zurück", wie in dem linken Paar der Abbildung gezeigt. Dieses Selektionsmuster kommt in allen Populationen vor: Durch Mutationsdruck und möglicherweise auch durch den Genfluß von Einwanderern wird in jeder Generation die Variabilität der Formen vergrößert, während die stabilisierende Selektion diese Variabilität ständig auf die optimale „Norm" reduziert, die der lokalen Umgebung am besten angepaßt ist. Der sogenannte balancierte Polymorphismus (s. S. 57) stellt einen speziellen und sehr einfachen Typ der stabilisierenden Selektion dar. Nehmen wir als Beispiel ein einfaches System mit zwei Allelen: Die intermediär ausgebildete Heterozygote Aa ist gegenüber den beiden „extrem" ausgebildeten Homozygoten AA und aa selektiv begünstigt, in jeder Generation findet eine Reduktion der Homozygote statt. Doch die Genhäufigkeiten bleiben konstant, und folglich treten dieselben diploiden Frequenzen in jeder der aufeinanderfolgenden Generationen vor der Selektion gemäß dem Hardy-Weinberg-Gleichgewicht wieder auf. Echte *disruptive Selektion* ist ein selteneres oder zumindest weniger gut bekanntes Phänomen. Sie ergibt sich aus der Existenz von zwei oder mehreren möglichen adaptiven Normen auf der Skala der Phänotypen, möglicherweise gekoppelt mit bevorzugter Paarung zwischen Individuen desselben Genotyps. In letzter Zeit lassen einige Experimente vermuten, daß diese Art der Selektion gelegentlich zur Schaffung neuer Arten führen könnte. *Gerichtete Selektion* (oder *dynamische Selektion*, wie sie manchmal genannt wird) ist der Hauptmechanismus, der zu progressiver Evolution führt. Wir werden uns im nächsten Abschnitt eingehend damit beschäftigen.

Wir sollten nicht vergessen, daß Selektion immer auf Phänotypen einwirkt. Damit Evolution stattfinden kann, ist es erforderlich, daß phänotypische Verteilungen, wie sie in Abb. 2-7 schematisch dargestellt sind, wenigstens zum Teil durch genetische Variation determiniert sind. Wäre dies nicht der Fall, so würde jede neue Generation, da sie ja in bezug auf den Phänotyp genetisch einheitlich wäre, zu der ursprünglichen Verteilung, die vor dem Einwirken der Selektion bestand, zurückspringen. Ein Großteil der angewandten Populationsgenetik, vor allem in der Pflanzen- und Tierzucht, befaßt sich mit diesem Aspekt der Selektion. Den Anteil der Gesamtvariabilität bezüglich eines phänotypischen Merkmals, der dem Einfluß von Genen unter bestimmten Umweltbedingungen zugerechnet werden kann, bezeichnet man als *Erblichkeit* des Merk-

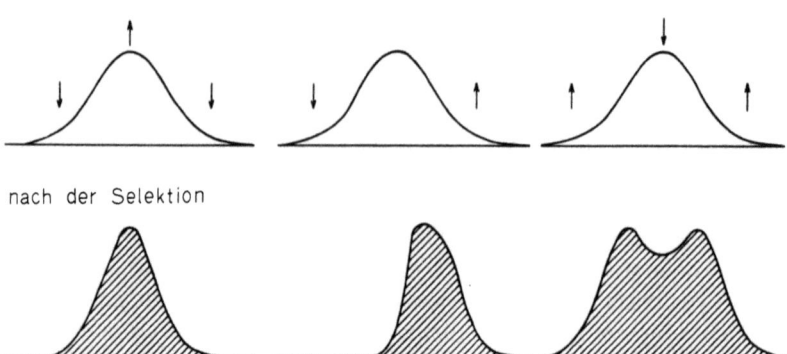

Abb. 2-7. *Wirkung nachteiliger* ($\downarrow$) *und vorteilhafter* ($\uparrow$) *Selektion* auf verschiedene Abschnitte der Frequenzverteilung eines phänotypischen Merkmals in einer Population. Die Ordinaten (vertikale Achsen) stellen die Häufigkeiten der Individuen in den Populationen dar, die Abszissen (horizontale Achsen) die phänotypische Variation. Das obere Diagramm zeigt die Situation vor der Selektion; das untere nach der Selektion

mals. Sie wird durch das Symbol h^2 (das für die Erblichkeit selbst, nicht für ihr Quadrat steht) ausgedrückt und ist definiert als das Verhältnis von der Summe der genetischen Variabilität (V_G) zur phänotypischen Variabilität (V_P):

$$h^2 = \frac{V_G}{V_P}.$$

Die Geschwindigkeit, mit der bei bestimmter Selektion die Evolution stattfindet, ist eine direkte Funktion der Erblichkeit. Wir werden bei der Betrachtung der von multiplen Genen kontrollierten Evolution von Merkmalen auf diesen Begriff zurückkommen.

Wenn Selektion in einer typischen Mendel-Population stattfindet, so ist die direkte genetische Folge die Änderung der Frequenzen der diploiden Genotypen. Diese führt ihrerseits zu einer Änderung der Genfrequenzen. Selektion hat jedoch keinen unmittelbaren Einfluß auf die Gene selbst, und die Messungen der Selektionsintensität beziehen sich auf die diploiden Frequenzen und nicht auf die Genfrequenzen. Der Einfluß auf die Genfrequenzen kann mit den entsprechenden Methoden leicht von diesen Messungen abgeleitet werden.

Die Quantifizierung der Selektion in einer Mendel-Population wird anschaulich, wenn wir das in Tabelle 2-2 aufgeführte hypothetische Zahlen-

Tabelle 2-2. Berechnung der Fitness aus Daten einer Generation vor und nach der Selektion

Anzahl der Individuen jedes Genotyps (ausgezählt)	AA	Aa	aa
Vor der Selektion	4000	5100	2300
Nach der Selektion in derselben Generation	3800	4200	1200

Überlebensrate
λ_{AA} Überlebensrate von AA $= 3800/4000 = 0{,}95$
λ_{Aa} Überlebensrate von Aa $= 4200/5100 = 0{,}82$
λ_{aa} Überlebensrate von aa $= 1200/2300 = 0{,}52$

Relative Fitness (verglichen mit AA, dem geeignetsten Genotyp)
W_{AA} Fitness von AA $= \lambda_{AA}/\lambda_{AA} = 0{,}95/0{,}95 = 1{,}00$
W_{Aa} Fitness von Aa $= \lambda_{Aa}/\lambda_{AA} = 0{,}82/0{,}95 = 0{,}86$
W_{aa} Fitness von aa $= \lambda_{aa}/\lambda_{AA} = 0{,}52/0{,}95 = 0{,}55$

Selektionskoeffizient
s_{AA} Selektionskoeffizient von AA $= 1 - W_{AA} = 0$
s_{Aa} Selektionskoeffizient von Aa $= 1 - W_{Aa} = 0{,}14$
s_{aa} Selektionskoeffizient von aa $= 1 - W_{aa} = 0{,}45$

beispiel betrachten. Zunächst klassifizieren wir die Individuen nach den *diploiden* Genotypen, auf die es uns ankommt, und zählen sie. Die hier willkürlich eingesetzten Zahlen können als Schätzwerte der gesamten Population angesehen werden. Ebenso gut können Zahlenverhältnisse zugrunde gelegt werden, die durch Stichproben zustande kamen. Mit Hilfe von Stichproben unmittelbar vor und unmittelbar nach dem Selektionsvorgang erhalten wir einen Wert λ, die *Überlebensrate*, für jeden Genotyp. Ist der Selektionsfaktor beispielsweise ein Parasit oder eine Veränderung der unbelebten Umwelt, die während der Larvenphase eines Organismus einwirkt, so können wir die Genotypfrequenzen im vorausgehenden Eistadium und im erwachsenen Organismus derselben Generation auswerten. Das Verhältnis dieser Überlebensraten zueinander ergibt die *relative Eignung* der entsprechenden Genotypen. Normalerweise wird in der Populationsgenetik Eignung, Fitness oder Adaptivwert (W) eines Genotyps relativ zur Eignung eines anderen Genotyps definiert, indem man einen Bruch bildet. Es ist am einfachsten, den Genotyp mit dem größten λ (in unserem Fall λ_{AA}) zum Vergleichsmaßstab zu wählen. Wir benutzen das größte λ als Nenner, was dazu führt, daß die Eignung immer zwischen 0 und 1 liegt. Würden wir ein kleineres λ als Nenner benutzen, wie dies zuweilen in der Praxis vorkommt, so könnte der Adaptivwert von 0 bis $+\infty$ variieren. Das Ergebnis wäre dann offensichtlich in einigen Fällen schwer zu handhaben.

Fitness stellt also mehr oder weniger eindeutig die *relative Überlebensrate* dar. Der *Selektionskoeffizient* (*s*) ist definiert als 1-*W* und bedeutet somit relative Abnahme aufgrund von Selektion.

Sehen wir uns nun Tabelle 2-3 an. Wenn durch geschlechtliche Fortpflanzung eine neue Verteilung der Gene zwischen den Organismen stattfindet (beispielsweise, wenn die Genotypfrequenzen mehrerer Generationen lang in sich bisexuell fortpflanzenden Populationen gemessen werden), so kann die Überlebensrate eines Genotyps die Frequenz von mehr als einem Genotyp beeinflussen. In diesem Fall kann man die

Tabelle 2-3. Berechnung der Fitness aus Daten, die in der ersten Generation (vor der Selektion) und in der zweiten Generation (nach der Selektion) entnommen wurden

Anzahl der Individuen jedes Genotyps (*ausgezählt*)	AA	Aa	aa	*insgesamt*
Fortpflanzungsfähige Population in der ersten Generation (vor der Selektion)	3000	3900	2000	8900
Fortpflanzungsfähige Population in der zweiten Generation (nach der Selektion)	3800	4400	1800	10000

Genfrequenz in der ersten Generation
(Zur Berechnung der erwarteten Frequenz in der zweiten Generation ohne Selektion)

p Frequenz von A $= \dfrac{3000 + 1950}{8900} = 0{,}56$

q Frequenz von a $= 1 - p = 0{,}44$

Korrigierte Zuwachsrate
(Verhältnis zwischen der tatsächlichen Anzahl in der zweiten Generation zu der erwarteten Anzahl ohne Selektion)

R_{AA} Zuwachsrate von AA $= \dfrac{3800}{p^2 \times 10000} = \dfrac{3800}{0{,}31 \times 10000} = 1{,}23$

R_{Aa} Zuwachsrate von Aa $= \dfrac{4400}{2pq \times 10000} = \dfrac{4400}{0{,}50 \times 10000} = 0{,}88$

R_{aa} Zuwachsrate von aa $= \dfrac{1800}{q^2 \times 10000} = \dfrac{1800}{0{,}19 \times 10000} = 0{,}95$

Relative Fitness
(verglichen mit AA, dem geeignetsten Genotyp)
W_{AA} Fitness von AA $= R_{AA}/R_{AA} = 1{,}23/1{,}23 = 1{,}00$
W_{Aa} Fitness von Aa $= R_{Aa}/R_{AA} = 0{,}88/1{,}23 = 0{,}72$
W_{aa} Fitness von aa $= R_{aa}/R_{AA} = 0{,}95/1{,}23 = 0{,}77$

Selektionskoeffizient
s_{AA} Selektionskoeffizient von AA $= 1 - W_{AA} = 0$
s_{Aa} Selektionskoeffizient von Aa $= 1 - W_{Aa} = 0{,}28$
s_{aa} Selektionskoeffizient von aa $= 1 - W_{aa} = 0{,}23$

relativen Adaptivwerte abschätzen, indem man die in der zweiten Messung beobachteten Frequenzen mit denen vergleicht, die aufgrund der weiter oben erklärten Hardy-Weinberg-Formel zu erwarten gewesen wären. Das Verhältnis dieser beiden Frequenzwerte eines Genotyps nennt man die korrigierte Rate R des Proportionszuwachses dieses Genotyps. Diese Rate R kann anstelle der Überlebensrate zur Berechnung der Fitness verwendet werden. In Tabelle 2-3 ist dieser Vorgang Schritt für Schritt beschrieben.

Es ist wichtig, daß die exakten Definitionen von Fitness und Selektionskoeffizient absolut klar sind, bevor wir uns weiter der Evolutionstheorie zuwenden. Wir schlagen daher vor, daß der Leser sich mit den in den Tabellen 2-2 und 2-3 durchgeführten Rechnungen eingehend vertraut macht und dann anhand der (unter „Anzahl der Individuen von jedem Genotypus" genannten) Anfangsdaten den Selektionskoeffizienten selbst ableitet, um sicher zu sein, daß er den ganzen Vorgang beherrscht.

Gerichtete Selektion: Quantitative Theorie

Bei der Behandlung des quantitativen Aspekts der gerichteten Selektion ist es lehrreich, mit dem Extremfall der vollständigen Elimination aller rezessiven Homozygoten in jeder Generation zu beginnen. Verwenden wir dieselben Bezeichnungen wie vorher für das Zwei-Allel-System A und a; wir können dann die Eignung von aa mit null angeben und den Selektionskoeffizienten $1-0=1$. Der Einfachheit halber wollen wir die gleiche Eignung für AA und Aa annehmen, dann haben gemäß Definition beide Genotypen eine Eignung von 1 und einen Selektionskoeffizienten von 0. Dieser Fall ist sehr geeignet, um mit ihm die Untersuchung der Selektion zu beginnen, denn er ist der einzige, in dem die Genfrequenz q_n nach n Generationen mit Selektion als einfache algebraische Funktion von q_0, der Anfangsfrequenz, abgeleitet werden kann. Zu der Gleichung gelangen wir folgendermaßen: Die Anteile der diploiden Genotypen vor und nach der Selektion in einer großen panmiktischen Population sind in Tabelle 2-4 angegeben. Nach der Elimination von q^2 homozygoten rezessiven Genen in unserem Modell betragen die Heterozygoten $2p_0q_0$ des überlebenden Teils $p_0^2 + 2p_0q_0$. Alle a Gene der nächsten Generation werden von diesen Heterozygoten stammen. Die Hälfte der von den Heterozygoten gebildeten Gameten wird a Allele aufweisen; der neue Anteil der a Allele, ausgedrückt als q_1, wobei der Index 1 das Verstreichen einer Generation bezeichnet, wird daher wie folgt berechnet:

$$q_1 = \frac{p_0 q_0}{p_0^2 + 2p_0 q_0} = \frac{q_0}{1+q_0}; \tag{5}$$

Tabelle 2-4. Vollständige Elimination von rezessiven Genen

	AA	Aa	aa	Frequenz von a
Vor der Selektion	p_o^2	$2p_oq_o$	q_o^2	q_o
Nach der Selektion	$\dfrac{p_o^2}{p_o^2+2p_oq_o}$	$\dfrac{2p_oq_o}{p_o^2+2p_oq_o}$	0	$q_1=\dfrac{q_o}{1+q_o}$

Die Beziehung der q-Werte von einer Generation zur nächsten bleibt sich immer gleich. Mit anderen Worten, wenn wir das oben benutzte Verfahren in gleicher Weise auf die nachfolgenden Generationen anwenden, so erhalten wir

$$q_2=\frac{q_1}{1+q_1} \qquad q_3=\frac{q_2}{1+q_2} \qquad q_4=\frac{q_3}{1+q_3}$$

und allgemein:

$$q_n=\frac{q_{n-1}}{1+q_{n-1}}. \tag{5a}$$

Wenn wir die Gl. (5) nacheinander in die obige Formelreihe einsetzen, indem wir zuerst zu Generation 2, dann zu Generation 3, usw. gehen, so erhalten wir:

$$q_n=\frac{q_o}{1+nq_o}. \tag{6}$$

Gl. (6) wird oft zitiert als Beweis dafür, daß Eugenik ein langsamer und ineffektiver Prozeß wäre, wenn er nur die Homozygoten beträfe. Stellen wir uns vor, die Menschheit hätte beschlossen, sich von einem unerwünschten Gen zu befreien, indem sie ein Gesetz geschaffen hätte, das homozygoten Trägern verböte, Kinder zu haben. Die Genfrequenz würde enttäuschend langsam absinken. Nach vielen Jahrtausenden würde das Gen immer noch in geringer Zahl bestehen. Präziser ausgedrückt, durch Umformen von Gl. (6) können wir die Anzahl der Generationen, die erforderlich sind, um eine gegebene Frequenzänderung zu erreichen, wie folgt wiedergeben:

$$n=\frac{q_o-q_n}{q_oq_n}$$
$$=\frac{1}{q_n}-\frac{1}{q_o}.$$

Aufgabe: Die Anfangsfrequenz eines vollständig rezessiven Gens in einer Population ist 0,5. Wie groß ist die maximale Frequenzänderung, die in zehn Generationen erreicht werden kann, wenn Selektion der einzige auftretende Evolutionsfaktor ist?

Antwort: Maximale Veränderung tritt ein, wenn sämtliche rezessiven Homozygoten in jeder Generation beseitigt werden oder zumindest, wenn keines zur Reproduktion gelangt. In diesem Fall ist die Genfrequenz nach zehn Generationen

$$q_{10} = \frac{q_o}{1 + 10 q_o} = \frac{0,5}{1 + 10 \times 0,5} = 0,083$$

und die eingetretene Änderung ist

$$q_{10} - q_o = 0,083 - 0,5 = -0,417.$$

Mit anderen Worten, die Grenzfrequenz wird von 50% auf 8,3% gesunken sein, was eine Abnahme um 41,7% darstellt.

Aufgabe: Albinismus beim Menschen unterliegt der Kontrolle eines einzigen rezessiven Gens. Nehmen wir an, in einer rassisch homogenen Nation entfiele auf jeweils 10000 Personen ein Albino (diese Zahl ist für wirkliche Populationen nicht außergewöhnlich hoch) und die Genfrequenz solle reduziert werden wegen der gesundheitsschädigenden Einflüsse, die Albinismus bei Homozygoten mit sich bringt. Falls alle Albinos sich freiwillig bereit erklären würden, keine Kinder zu haben, wie viele Generationen würde es dauern, bis der Albinismus auf einen Fall unter 1 Million Personen gesunken ist?

Antwort: Die gegenwärtige Frequenz des Albino-Phänotyps ist 10^{-4}, und die Zielfrequenz 10^{-6}. Diesen Zahlen entsprechen q_o^2 bzw. q_n^2, so daß die gegenwärtige Allelfrequenz (q_o) gleich 10^{-2} ist. Die erwünschte Ziel-Allelfrequenz (q_n) ist 10^{-3}. Die Anzahl der Generationen, die erforderlich sind, um von q_o zu q_n zu kommen, ist $n = 1/q_n - 1/q_o = 1000 - 100 = 900$ Generationen.

Aufgabe: Es ist eine Kurve zu zeichnen, die das Absinken der Albinogenfrequenz über einen Zeitraum von ein paar tausend Generationen darstellt. q_n ist entlang der vertikalen und n entlang der horizontalen Achse aufzutragen. Vier oder fünf Punkte sollten ausreichen, um den Verlauf der Kurve zu verdeutlichen.

Als nächstes wollen wir Fälle betrachten, in denen die gerichtete Selektion weniger drastisch verläuft, anders ausgedrückt, in denen s kleiner als 1 und $W (=1-s)$ größer als null ist. Das Verhältnis der Genotypen in einer großen panmiktischen Population vor und nach der Selektion ist in Tabelle 2-5 angegeben. Zur Erleichterung der Schreibweise lassen wir den Index ($_o$) bei p und q, den Genfrequenzen in der Anfangsgeneration, weg. In der nächsten Generation wird die Frequenz des rezessiven Gens

$$q_1 = \frac{pq + q^2(1-s)}{1-sq^2} = \frac{q(1-sq)}{1-sq^2}. \tag{7}$$

Tabelle 2-5. Partielle Selektion gegen rezessive Gene

	AA	Aa	aa	Gesamt
Verhältnis vor der Selektion	p^2	$2pq$	q^2	1
Fitness (W)	1	1	$1-s$	
Verhältnis nach der Selektion	p^2	$2pq$	$q^2(1-s)$	$1-sq^2$

Wenn man die Indizes ändert, kann man auf den ersten Blick erkennen, daß es sich um eine rekursive Funktion handelt und daß allgemein gilt:

$$q_n = \frac{q_{n-1}(1-sq_{n-1})}{1-sq_{n-1}^2}. \tag{8}$$

Es gibt keine Lösung dieser Folge, mit Ausnahme des Falles $s=1$, womit wir Gl. (6) erhalten. Wir müssen uns also darauf beschränken, Δq, den Zuwachs von q in einer Generation, auszudrücken als:

$$\Delta q = q_1 - q = \frac{-sq^2(1-q)}{1-sq^2}. \tag{9}$$

Bei kleinen Werten von s können wir 1 anstelle von $1-sq^2$ setzen, ohne daß sich dadurch ein großer Fehler (größer als ein Bruchteil von sq^2) ergibt, und die Beziehung lautet dann annähernd

$$\Delta q \approx -sq^2(1-q).$$

Dieser Ausdruck kann als Differentialgleichung geschrieben werden, indem wir Δq durch dq/dt ersetzen:

$$\frac{dq}{dt} \approx -sq^2(1-q). \tag{10}$$

Damit wird ausgesagt, daß q mit einer Geschwindigkeit abnimmt, die

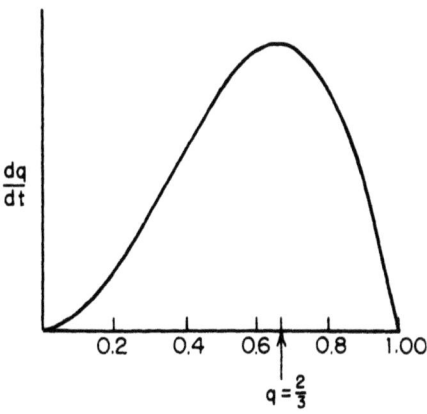

Abb. 2-8. *Graphische Darstellung* der Gleichung $dq/dt \approx -sq^2(1-q)$. Die verschiedenen Werte für q sind entlang der horizontalen Achse aufgetragen. Der Selektionskoeffizient s ist eine Konstante (Aus Li, 1955)

annähernd seinem Selektionskoeffizienten multipliziert mit dem Ausdruck $q^2(1-q)$ entspricht. Als unmittelbare Konsequenz, die bereits bei der Betrachtung des Sonderfalles der vollständigen Ausschaltung von rezessiven Homozygoten anklang, ergibt sich, daß Δq sehr klein wird, wenn q sich 0 oder 1 nähert. Die gesamte graphische Darstellung der Gl. (10) ist in Abb. 2-8 zu sehen.

Es läßt sich schnell feststellen, daß dq/dt sein Maximum bei $q = 2/3$ hat, wenn wir die Ableitung von Gl. (10) gleich null setzen und nach q auflösen. Dieses Ergebnis verdient unsere Aufmerksamkeit, denn es besagt unter anderem, daß ein günstiges Gen, das in einer Population auftritt, sich anfangs nur sehr langsam verbreitet. Ein tatsächlicher Fall von Genfrequenzänderung aufgrund ständiger negativer Selektion ist in Abb. 2-9 zu sehen. Bei einem Laborexperiment ließ D.J. MERRELL das rezessive geschlechtsgebundene „raspberry"-Gen von *Drosophila melanogaster* über eine Zeitspanne von ungefähr 18 Generationen mit dem Wildtyp konkurrieren. In Intervallen von etwa einem Monat wurden Zählungen durchgeführt. Daneben zeigte die direkte Beobachtung, daß der Mutanten- und der Wild-Phänotyp annähernd die gleiche Lebensfähigkeit besitzen, aber männliche Mutanten nur etwa zu 50% erfolgreich zur Paarung gelangen. Die Veränderungen der Genfrequenz wurden aufgrund dieser Beobachtung errechnet, wobei die zusätzliche Komplikation der Geschlechtsgebundenheit mitberücksichtigt wurde. Wenn man eine Generation mit der Durchschnittsdauer von 24 Tagen annahm, so erreichte man einen nahezu gleichen Verlauf von vorhergesagter und beobachteter

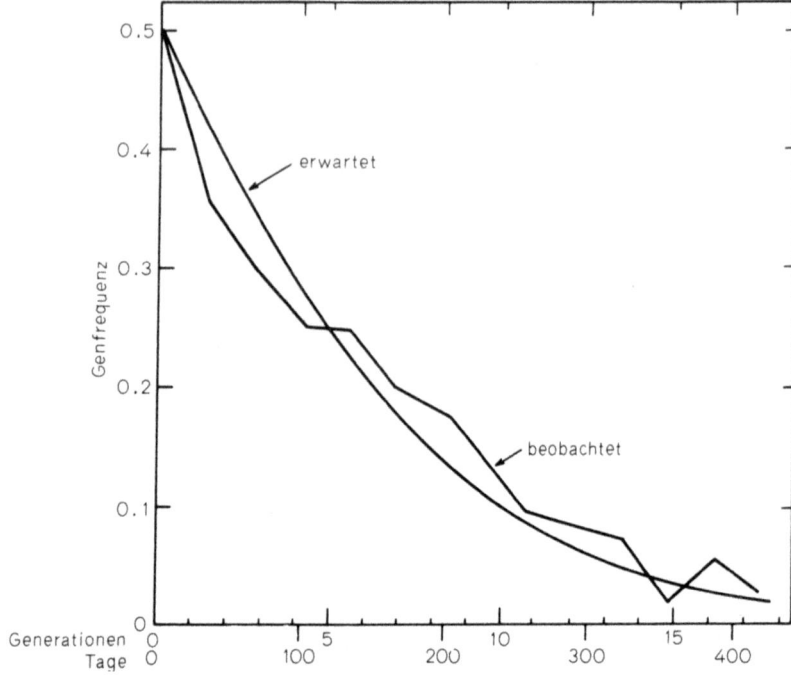

Abb. 2-9. *Absinken der Frequenz* des Gens „raspberry" für die Augenfarbe in einer Labor-Population von *Drosophila melanogaster* (Aus FALCONER, 1960, nach Daten aus D.J. MERREL, 1953)

Kurve. Also stimmten die Daten mit der in den mathematischen Gleichungen ausgedrückten Selektionstheorie überein.

Die Anzahl der Generationen, die erforderlich ist, um die Frequenz um einen bestimmten Betrag zu ändern, kann aus Gl. (10) bestimmt werden. Vor allem wollen wir die Anzahl der Generationen (n) berechnen können, die nötig ist, um bei einem konstanten Selektionskoeffizienten s die Frequenz q_0 zu q_n zu verändern. Schreiben wir also Gl. (10) um, so erhalten wir

$$\frac{dq}{q^2(1-q)} = -s\,dt, \qquad \int_{q_0}^{q_n} \frac{dq}{q^2(1-q)} = -s \int_0^n dt = -sn.$$

Das linke Integral entspricht einer allgemeinen Form, deren Lösung in mathematischen Tabellen zu finden ist:

$$sn = \left[\frac{1}{q} + \ln\frac{(1-q)}{q}\right]_{q_0}^{q_n}, \qquad (11)$$

wobei ln den natürlichen Logarithmus darstellt. Die Bezeichnung auf der rechten Seite bedeutet, daß man zunächst den Ausdruck in der Klammer löst, indem man den Wert für q_n einsetzt und so eine erste Zahl erhält; danach wird der Klammerausdruck gelöst, indem man den Wert für q_0 einsetzt und damit eine zweite Zahl erhält. Subtrahiert man die zweite Zahl von der ersten, so erhält man den Wert für den ganzen Ausdruck.

Aufgabe: Es ist die Rate der Frequenzänderung dq des Allels a aus den in Tabelle 2-6 angegebenen Überlebensdaten zu berechnen. Außerdem ist die Anzahl der Generationen festzustellen, die erforderlich ist, um die Frequenz auf 0,10 zu reduzieren. Es wird angenommen, daß der Selektionsdruck konstant ist. Als letztes ist die Veränderungsrate dq für $q=0,10$ zu finden.

Tabelle 2-6.

	AA	Aa	aa
Vor der Selektion	500	400	100
Nach der Selektion (in derselben Generation)	490	392	60

Antwort: Benutzen wir das in Tabelle 2-3 beschriebene Verfahren, so finden wir $s_{AA}=s_{Aa}=0$; $s_{aa}=0,388=0,4$. Die genaue Frequenzänderung in der Zeitspanne, für die die Daten gegeben sind – wobei wir annehmen, daß diese die gesamte Population repräsentieren – ist

$$\Delta q = (q \text{ nach Selektion}) \text{ minus } (q \text{ vor Selektion})$$

$$\Delta q = \frac{1/2(392)+60}{942} - \frac{1/2(400)+100}{1000} = -0,0282/\text{Generation}$$

Die theoretische Veränderung für eine sehr große Population mit $q=0,3$ und $s_{aa}=0,4$ ist gemäß Gl. (10)

$$dq/dt = -sq^2(1-q) = -(0,4)(0,3)^2(0,7) = -0,0252/\text{Generation};$$

dieser Wert liegt so nahe an dem wahren Wert, daß die Aufrundung von s_{aa} auf 0,4 und die Anwendung der vereinfachten Version der Differentialgleichung berechtigt erscheint. Aus Gl. (11) berechnen wir als nächstes die benötigte Anzahl von Generationen, um die Frequenz von 0,3 auf 0,1 zu verringern:

$$sn = 0{,}4n = \left[\frac{1}{q} + \ln\frac{1-q}{q}\right]_{0,3}^{0,1}$$

$$n = 20.$$

Bei $q=0{,}1$ kann die Veränderungsrate (wieder aus Gl. 10) vorherberechnet werden:

$$\Delta q \approx -sq^2(1-q) \approx -(0{,}4)(0{,}1)^2(0{,}9) \approx -0{,}0036/\text{Generation}.$$

Neben den beiden gerade untersuchten Fällen der völligen Dominanz existiert eine weite Skala von Möglichkeiten, in denen die Dominanz nicht vollständig ist und somit die Heterozygote einem mittleren Grad von Selektion unterliegt. In Symbolen ausgedrückt, wenn die Eignung der benachteiligten Homozygoten $1-s$ ist, wobei $s>0$, dann ist die Eignung der Heterozygoten gleich $1-ks$, wobei $0<k<1$. Der einfachste Fall läge vor, wenn die Heterozygote eine genau in der Mitte liegende Eignung hätte, also wenn $k=1/2$ und $W_{Aa}=1-1/2s$. Um die Gleichung der Veränderungsrate abzuleiten, gehen wir genau so vor wie vorher, nur mit unseren neuen Eignungswerten (Tabelle 2-7). Wir erhalten die neue Frequenz und subtrahieren davon q:

$$\Delta q = \frac{pq(1-1/2s) + q^2(1-s)}{1-sq} - q = \frac{\frac{1}{2}sq(1-q)}{1-sq}. \quad (12)$$

Die Modifikationen dieser Grundformeln für Beispiele mit zwei Erbfaktoren und andere Sonderfälle finden sich in dem Buch von Li (1955) und anderen Lehrbüchern über mathematische Populationsgenetik.

Tabelle 2-7. Mittlere Selektionsintensität gegen Heterozygote ($k=1/2$)

	AA	Aa	aa	*Gesamt*
Verhältnis vor der Selektion	p^2	$2pq$	q^2	1
Fitness	1	$1-1/2s$	$1-s$	
Verhältnis nach der Selektion	p^2	$2pq(1-1/2s)$	$q^2(1-s)$	$1-sq$

Wir haben nunmehr einen guten Einblick in die grundlegendsten Verfahren der Modellkonstruktion der klassischen Populationsgenetik gewonnen. Betrachten wir nun die Wechselwirkung der Evolutionsfaktoren.

Gemeinsame Wirkung von Mutation und Selektion

Besitzen wir erst einmal die Gleichungen, durch die die Beziehungen der einzelnen Parameter μ, m und s zur Genfrequenzänderung Δq definiert sind, dann können wir ohne Schwierigkeiten andere Gleichungen aufstellen, die den gemeinsamen Einfluß dieser Evolutionsfaktoren beschreiben. Nehmen wir z.B. die Wechselwirkung von Mutationsdruck und Selektion. Stellen wir uns dazu vor, in einer großen, völlig isolierten Population seien diese beiden die einzigen wichtigen Evolutionsfaktoren. Dann kann die Veränderung in der Frequenz Δq eines Allels a als die Summe der einzelnen aufgrund von Mutation und Selektion erfolgten Änderungen bestimmt werden. Die Frequenz von q wächst mit der Geschwindigkeit $\mu(1-q)$ pro Generation, wobei μ die Mutationsrate der anderen Allele zu a ist. Im Falle völliger Dominanz nimmt q infolge Selektion mit der Geschwindigkeit von ungefähr $-sq^2(1-q)$ pro Generation ab. Kombinieren wir diese Ausdrücke, so erhalten wir

$$\Delta q = \mu(1-q) - sq^2(1-q). \tag{13}$$

Wenn Mutation und Selektion gegeneinander wirken, dann nähert sich q einem Gleichgewichtswert $\hat{q}$, wobei $\Delta q = 0$ ist. Setzen wir nun Δq in der Gl. (13) gleich null, so lautet die neue Gleichung

$$\begin{aligned} s\hat{q}^2(1-\hat{q}) &= \mu(1-\hat{q}) \\ s\hat{q}^2 &= \mu \\ \hat{q}^2 &= \mu/s \\ \hat{q} &= \sqrt{\frac{\mu}{s}}. \end{aligned} \tag{14}$$

Es befriedigt uns festzustellen, und ohne die Hilfe des Modells wäre dies keineswegs deutlich geworden, daß die Mutationsrate (die sich auf die Gene bezieht) und der Selektionskoeffizient (der sich auf einen Genotyp bezieht, in unserem Fall auf die rezessive Homozygote) die Gleichgewichtsfrequenz in gleicher Weise determinieren. Da die Mehrzahl der Mutationsraten eine Größe von etwa 10^{-4} oder noch weniger pro Generation haben, ist klar, daß der Mutationsdruck nur dann das Gleichgewicht halten kann, wenn der Selektionsdruck sehr schwach ist – bei weitem schwächer als er in der Mehrzahl der bisher untersuchten Fälle von Mikroevolution tatsächlich war.

Gemeinsame Wirkung von Genfluß und Selektion

Aufgabe: Es ist eine Formel aufzustellen für die Größe der Frequenzänderung eines rezessiven Allels aufgrund der Wechselwirkung von Genfluß und Selektion. Dabei sei angenommen, daß andere Evolutionsfaktoren vernachlässigt werden können. Die Formel ist im Hinblick auf ihre mögliche biologische Bedeutung auszuwerten.

Antwort: Wir haben bereits gezeigt (Gl. 4), daß Genzufluß in einer Population die Allelfrequenz mit einer Rate von $-m(q_\alpha - q_\beta)$ steigert (bzw. senkt), wobei m den Anteil der eingewanderten Individuen in der „Empfänger"-Population ausdrückt, q_α die Allelfrequenz vor der Einwanderung und q_β die Allelfrequenz in der „Spender"-Population. Wir haben außerdem früher nachgewiesen (Gl. 10), daß die Allelfrequenz in jeder Generation annähernd mit der Geschwindigkeit $-sq_\alpha^2(1-q_\alpha)$ abnimmt, wobei s der Selektionskoeffizient der Homozygote ist. Der Betrag der Veränderung pro Generation ist nicht anderes als die Summe dieser beiden Ausdrücke:

$$\Delta q_\alpha = -m(q_\alpha - q_\beta) - sq_\alpha^2(1-q_\alpha).$$

Die biologische Bedeutung dieser Formel können wir auf verschiedene Weise beurteilen, z.B. wenn wir uns ins Gedächtnis zurückrufen, daß die Selektion von rezessiven Homozygoten am schnellsten bei $q = 2/3$ vor sich geht. An diesem Punkt ist $\Delta q = 0{,}15s$. (Diese beiden Feststellungen lassen sich leicht unmittelbar aus dem gerade gegebenen Selektionsausdruck entnehmen.) Es folgt, daß, wenn der Unterschied zwischen „Spender"- und „Empfänger"-Population gleich oder größer als 0,15 ist, die Genmigration zumindest gleich, meistens jedoch stärker als Evolutionsfaktor wirksam ist als ein Selektionsdruck der gleichen Größenordnung. Diese theoretische Ableitung stützt die von der Mehrheit der Evolutionsforscher vertretene Meinung, daß der Genfluß neben der Selektion eine der beiden wichtigsten treibenden Kräfte der Evolution darstellt.

Aufgabe: An einem einzigen Genort befinden sich zwei Allele A und a. Nehmen wir an, daß in einem kleinen isolierten Gebiet das Allel a rezessiv letal ist, daß überall sonst jedoch die zwei Allele mit den gleichen Frequenzen $p = q = 0{,}5$ auftreten. Wie groß muß der Anteil der Gesamtpopulation des isolierten Gebietes sein, der in jeder Generation mit der Außenwelt ausgetauscht wird, damit das Allel a in der isolierten Population mit einer Gleichgewichtsfrequenz von 0,1 aufrechterhalten werden kann?

Antwort: Da q im Gleichgewicht ist, schreiben wir

$$\Delta q_\alpha = -m(q_\alpha - q_\beta) - sq_\alpha^2(1-q_\alpha) = 0.$$

Wir wissen, daß $\hat{q}_\alpha = 0{,}1$; $\hat{q}_\beta = 0{,}5$ und $s = 1$, und diese Information reicht aus zur Berechnung von m, dem Anteil der eingewanderten Individuen in der Empfängerpolulation. Durch Einsetzen der bekannten Werte in die Gleichgewichtsformel erhalten wir $m = 0{,}0225$. Beachten wir dabei, daß diese relativ geringe Einwanderungsrate eine weit höhere Gleichgewichtsfrequenz aufrecht erhält. Dies wird immer der Fall sein, solange das Allel rezessiv ist und daher in jeder Generation teilweise vor der Selektion geschützt ist.

Balancierter Polymorphismus

Bisher haben wir Systeme mit zwei konkurrierenden Allelen an demselben Locus betrachtet. In einer konstanten Umgebung schaltet ein Allel das andere aus, oder die Frequenzen gelangen aufgrund der sich gegenseitig aufwiegenden Kräfte der Selektion, des Genflusses und des Mutationsdruckes (sowie als viertem Faktor vielleicht des Meiotic Drive) zu einem Gleichgewichtspunkt zwischen null und eins. Doch können – selbst wenn zwischen den Hauptevolutionsmechanismen kein Gleichgewicht erreicht wird – zwei oder mehrere Allele in derselben panmiktischen Population sich über eine unbegrenzte Zeitspanne nebeneinander halten. Diesen Zustand nennt man *balancierten Polymorphismus*. Es gibt verschiedene Wege, auf denen solch ein Gleichgewicht erreicht werden kann. Es kann z. B. aufgrund *Frequenz-abhängiger Selektion* auftreten: Die Eignung der beiden Allele ist nicht konstant, sondern ändert sich mit ihrer Häufigkeit. Wenn ein Allel bei höherer Frequenz eine geringere Eignung als das andere besitzt, jedoch einen Vorteil gewinnt, wenn seine Frequenz auf ein bestimmtes Niveau absinkt, so wird die Frequenz sich ungefähr auf diesem Niveau stabilisieren. Eine weitere Möglichkeit, die man allgemein als den in natürlichen Populationen vorherrschenden Zustand annimmt, ist die *Überlegenheit der Heterozygote* (in der Literatur gelegentlich als „Überdominanz" oder „Heterosis" auf Genebene bezeichnet). Es ist leicht einzusehen, daß, wenn ein heterozygoter Genotyp Aa den beiden Homozygoten AA und aa überlegen ist, keines der Allele das andere ausschalten kann. Wir können außerdem erwarten, daß sich die Frequenz q von a und die Frequenz $p\,(=1-q)$ von A bei einer Frequenz zwischen 0 und 1 stabilisieren.

Tabelle 2-8 zeigt den einfachsten Fall eines Evolutionsmodells, das die Überlegenheit der Mischerbigkeit demonstriert. Wir wollen den Gleichgewichtswert $\hat{q}$ berechnen, d.h. den Wert von q, bei dem die Selektion gegen die beiden Homozygoten im Gleichgewicht und $\Delta q =$ null ist. Die Berechnung der Formel für den Gleichgewichtswert anhand des in Tabelle 2-8 vorgeschlagenen Modells ist komplizierter als die Berechnung früherer Formeln, doch möchte sie der Leser vielleicht durchführen, um sich von der Richtigkeit des folgenden einfachen Resultats zu überzeugen:

$$\hat{q} = \frac{s_1}{s_1 + s_2}. \qquad (15)$$

Tabelle 2-8. Überlegenheit der Heterozygoten ($W_{Aa} = 1$ gemäß Definition)

	AA	Aa	aa	*Gesamt*
Verhältnis vor der Selektion	p^2	$2pq$	q^2	1
Fitness	$1-s_1$	1	$1-s_2$	
Verhältnis nach der Selektion	$p^2(1-s_1)$	$2pq$	$q^2(1-s_2)$	$1-p^2 s_1 - q^2 s_2$

Aufgabe: Ein bestimmtes Allel behält in einer isolierten Population eine Frequenz von 10% konstant bei, obwohl in jeder Generation nur halb so viele Homozygote überleben wie Heterozygote. Es ist eine Hypothese zu entwickeln, die dieses Phänomen erklärt.

Antwort: Da der Wert 0,1 für $\hat{q}$ zu hoch ist, um durch Mutationsdruck aufrechterhalten zu werden, ist die einfachste Erklärung eine Überlegenheit der Heterozygoten über *beide* Homozygoten. Wir stellen daher die Hypothese auf, daß die Heterozygotie die höchste Eignung aufweist, d.h. wir geben dieser Eignung den Wert 1. Es folgt, daß die Homozygote des betreffenden Allels eine Eignung von 0,5 und einen Selektionskoeffizienten s_2 von $1-0,5 = 0,5$ hat. In der logischen Durchführung dieser Hypothese berechnen wir nun den Selektionskoeffizienten s_1 der Homozygoten des anderen Allels und erhalten den Wert 0,056. Die Fitness dieser Homozygoten ist also $1-0,056 = 0,944$. Dies besagt, daß ihre Substitutionsrate in jeder Generation 94,4% der Zuwachsrate der Heterozygoten ist. Man könnte versuchen, diese Zahl im Freiland zu überprüfen, um die Gültigkeit dieser Hypothese zu verifizieren.

Aufgabe: Die Variabilität in einer Population wird von zwei Allelen a_1 und a_2 bestimmt. Für je 100 Nachkommen einer bestimmten Anzahl von a_1a_1 Individuen werden 200 Nachkommen von derselben Anzahl a_1a_2 Individuen und 50 Nachkommen von derselben Anzahl a_2a_2 Individuen erzeugt. Es sind die Genfrequenzen im Gleichgewichtszustand zu berechnen.

Antwort: Aus den Angaben stellen wir fest, daß die Heterozygoten den beiden Homozygoten an Eignung überlegen sind und daß kein Allel das andere verdrängen wird. Um die Gleichgewichtsfrequenzen zu berechnen, benötigen wir die Selektionskoeffizienten der drei diploiden Genotypen. Um diese Selektionskoeffizienten zu erhalten, berechnen wir zunächst die relative Eignung der drei Genotypen, d.h. das Verhältnis ihrer Zuwachsraten (siehe Tabelle 2-3) zu der Zuwachsrate des Genotyps mit der größten Eignung (a_1a_2). Wir haben

$$W_{a_1a_1} = \frac{100}{200} = 0,5.$$

$$W_{a_1a_2} = \frac{200}{200} = 1.$$

$$W_{a_2a_2} = \frac{50}{200} = 0,25.$$

Der Selektionskoeffizient s_1 von a_1a_1 ist also $1 - 0,5 = 0,5$ und der Selektionskoeffizient s_2 von a_2a_2 ist $1 - 0,25 = 0,75$. Die Gleichgewichtsfrequenz ($\hat{q}$) von a_2 wird berechnet als

$$\frac{s_1}{s_1 + s_2} = \frac{0,5}{0,5 + 0,75} = 0,4.$$

Betrachten wir jetzt einen tatsächlichen Fall von balanciertem Polymorphismus. Das sogenannte Sichelzellenmerkmal ist eine vererbbare Eigenschaft und ist unter den Menschen in Afrika und in Teilen des Mittleren Ostens weit verbreitet. Es wird von einem einzigen Allel (Hb^s) verursacht und führt dazu, daß die roten Blutzellen eine sichelförmige Gestalt annehmen, wenn sie einem niedrigen Sauerstoffdruck außerhalb des Körpers ausgesetzt sind. Biochemische Analysen haben gezeigt, daß dieses Merkmal letzten Endes zurückgeht auf den Austausch einer Aminosäure (Glutaminsäure) durch eine andere (Valin) an einer bestimmten Stelle in den aus ungefähr 300 Aminosäuren bestehenden Polypeptidketten, die das Hämoglobinmolekül bilden. Somit haben wir hier einen genetischen Polymorphismus, der sich besonders dazu eignet, mit Hilfe elementarer populationsgenetischer Modelle betrachtet zu werden. Personen, die für „normales" Hämoglobin (Hb^AHb^A) homozygot sind, weisen dieses Merkmal selbstverständlich nicht auf. Heterozygote (Hb^AHb^s) zeigen das Merkmal in weniger als 1% ihrer roten Blutzellen und bemerken keine ernsthaft schädigende Wirkung. Homozygote (Hb^sHb^s) zeigen dieses Merkmal in einem großen Prozentsatz ihrer roten Blutkörperchen und leiden an einer schweren Anämie (Sichelzellenanämie), die normalerweise schon in der Kindheit tödlich ist. Mit anderen Worten: die homozygote Eignung liegt fast bei null, und der Selektionskoeffizient ist nahezu 1. Wie kann ein so nachteiliges Gen in so hoher Frequenz weiterbestehen? Es stellt sich heraus, daß die Frequenz von Hb^s in verschiedenen Populationen zu dem Malariavorkommen in diesen Populationen korreliert ist. Experimente mit Personen, die sich freiwillig mit dem durch *Plasmodium falciparum* hervorgerufenen Typ infizieren ließen, bewiesen, daß Heterozygote (Hb^AHb^s) entschieden resistenter sind gegen Malaria als die „normalen" Homozygoten (Hb^AHb^A). Es scheint also, daß in diesem Fall eine der für einen balancierten Polymorphismus nötigen Voraussetzungen vorhanden ist: In Malariagebieten besitzen die Heterozygoten eine den normalen Homozygoten überlegene Eignung, da sie der Krankheit gegenüber eine größere Resistenz aufweisen; gleichzeitig sind sie auch den Sichelzellen-Homozygoten an Fitness überlegen, da sie keine Sichelzellenanämie entwickeln.

Aufgabe: Im Jemen beträgt die Frequenz (q_s) des Sichelzellengens (Hb^s) 0,12. Was läßt sich anhand dieser Angabe über das Vorkommen von Malaria in diesem Land aussagen?

Antwort: Diese Angabe weist darauf hin, daß in dem Land eine sehr gefährliche Malariaart sehr häufig vorkommt. Zunächst: q_s^2 (=0,014) der neugeborenen Kinder werden von der Anämie befallen, und die Mehrzahl von ihnen wird jung daran sterben. Damit nun q_s auf dem hohen Niveau weiterbestehen kann, muß dieser Ausfall durch einen signifikanten Prozentsatz an Malariatodesfällen unter den „normalen" Homozygoten aufgewogen werden. Wie groß ist dieser zweite Sterblichkeitsfaktor? Wir können ihn grob schätzen, indem wir $s=1$ setzen für Hb^sHb^s. Hierbei nehmen wir an (was sich rechtfertigen läßt), daß sich die Frequenz des Hb^s-Allels im Gleichgewicht befindet, anders ausgedrückt, daß $\hat{q}_s=0,12$ ist. Nun wenden wir die Gleichgewichtsformel an und berechnen s_1, den Selektionskoeffizienten der normalen Homozygote $Hb^A Hb^A$:

$$\hat{q}_s = \frac{s_2}{s_1 + s_2}.$$

$$0,12 = \frac{s_1}{s_1 + 1}.$$

$$s_1 = 0,14.$$

Wenn wir also die Hypothese des balancierten Polymorphismus bis zu ihrem logischen Schluß weiterführen, so können wir folgern, daß die Fitness der normalen Homozygoten ($Hb^A Hb^A$) relativ zu den Heterozygoten ($Hb^A Hb^s$) $1 - 0,14 = 0,86$ ist. Die Hypothese der Widerstandsfähigkeit gegen Malaria führt uns zu der Schlußfolgerung, daß wegen des Unterschiedes in der Resistenz in jeder Generation auf je 100 Nachkommen heterozygoter Eltern 86 Nachkommen normal homozygoter Eltern kommen. Dies ist wieder eine Aussage, die durch sorgfältige Untersuchungen getestet werden müßte, um dann zur Vertiefung unserer Kenntnis des Sichelzellenphänomens beizutragen.

Genetische Last

Das Ausmaß der Selektion, die in einer Population insgesamt stattfindet, wird häufig als genetische Last (genetic load) bezeichnet und formal durch die reduzierte Eignung folgendermaßen definiert:

$$\frac{W_{max} - \overline{W}}{W_{max}},$$

wobei W_{max} die Fitness des besten Genotyps und $\overline{W}$ die durchschnittliche Fitness der gesamten Population ist. Als H.J. MULLER 1950 das Konzept der genetischen Last einführte, war dies eine emotional beladene Angelegenheit. MULLER beschäftigte sich besonders mit den durch Strahleneinwirkung beim Menschen hervorgerufenen Mutationen. Tritt eine solche Mutation ein, so bedingt sie fast immer eine geringere Eignung, zumindest im homozygoten Zustand. Sie wird daher in der Population ausgeschaltet oder wenigstens niedrig gehalten werden. Anders ausgedrückt: sie trägt zur genetischen Last bei. Der Preis für eine solche Belastung, vom Standpunkt der Menschheit betrachtet, war es, was MULLER Sorgen machte und auch uns alle angehen sollte. Denn die niedrigere Eignung der Mutanten wird allzu häufig durch Erbkrankheiten verursacht, die ihre Träger zu Krüppeln machen und vorzeitig sterben lassen. Nichtsdestoweniger sollten wir uns darüber klar sein, daß dies nur ein Teil des Problems ist. Die genetische Last beruht auch auf Unterschieden, die die Träger nicht auf so offensichtliche, physische Art schädigen. Wenn ein Genotyp im Durchschnitt drei Nachkommen pro Generation erzeugt, während andere Genotypen nur zwei hervorbringen, so trägt dies beträchtlich zur genetischen Last der Population bei. Dasselbe gilt, wenn ein Genotyp mit z. B. doppelter Wahrscheinlichkeit als andere Genotypen ein sich neu auftuendes Habitat zu seinem Vorteil nutzen kann.

Der Begriff der genetischen Last hat zu einigen sonderbaren Konflikten und Verwirrungen im Evolutionsdenken geführt. Wie wollen jetzt einen der jüngsten und wichtigsten dieser Konflikte betrachten, den der Leser vielleicht selbst lösen kann. R.C. LEWONTIN und J.L. HUBBY führten eine direkte Schätzung der Gesamtzahlen und Frequenzen von Allelen an beliebig ausgewählten Loci in natürlichen Populationen durch [Genetics **54**, 595–609 (1966)]. Sie waren in der Lage, die Schätzungen an *Drosophila pseudoobscura* vorzunehmen, indem sie kleine Unterschiede in den elektrischen Ladungen von Proteinen nachwiesen. Wenn Mutationen auftreten, so äußern sie sich durch Struktur- und Ladungsveränderungen der Proteine. Selbst äußerst kleine Veränderungen lassen sich mit der Technik der hochauflösenden Elektrophorese feststellen. Bringt man Proteine in ein starkes elektrisches Feld, dann wandern sie mit unterschiedlicher Geschwindigkeit entsprechend ihrer unterschiedlichen Ladung und lassen sich so voneinander trennen. Durch Anfärbung kann man ihre jeweilige Position feststellen. Mit Hilfe dieser Methode entdeckten LEWONTIN und HUBBY, daß sich an etwa 30% aller Loci in einer einzelnen Population zwei oder mehr Allele in polymorphem Zustand befanden und die Individuen der Population für etwa 12% ihrer Loci heterozygot waren. Diese hohen Frequenzen hatte man nicht erwartet. LEWONTIN und HUBBY wiesen darauf hin, daß sie der Population eine unerträgliche genetische Last aufzuerlegen schienen. Jeder polymorphe Locus bedarf einer stabilisierenden Selektion, wenn er seinen polymorphen Zustand beibehalten soll (erinnern wir uns an den Fall der Sichelzellen). 30% der Loci bei *Drosophila pseudoobscura* sind, bei vorsichtiger Schätzung, mindestens 2000 Loci. Wie kann eine ausreichende Selektion stattfinden, damit 2000 Loci polymorph bleiben? Betrachten wir das folgende Modell, damit uns deutlich wird, wieso diese Zahlen ein Dilemma schaffen. Nehmen wir zur besseren Illustration an, daß die beiden Allele im Gleichgewichtszustand gleiche Frequenzen aufweisen und nehmen wir weiterhin an, daß dieses Gleichgewicht aufrechterhalten wird durch das Entfernen von 10% der Homozygoten an jedem Locus und in jeder Generation. Die verminderte Eignung pro Locus (die „genetische Last" pro Locus) wäre demnach

$$\frac{W_{max} - \overline{W}}{W_{max}} = \frac{1 - (0{,}5 \times 0{,}9 + 0{,}5 \times 1)}{1} = 0{,}95.$$

Wenn 2000 solcher polymorphen Loci existieren, so müßte die relative Fitness der Population reduziert werden auf

$$(0{,}95)^{2000} = 10^{-46}.$$

Praktisch alle anderen vernünftigen Zahlen für die Eignung von Homozygoten und für Allelfrequenzen ergeben, wenn man sie in dieses Modell einsetzt, ähnlich unmögliche genetische Belastungen. Selbst wenn z.B. nur 2 statt 10% der Homozygoten eliminiert werden, so würde die Eignung immer noch auf 10^{-9} gekürzt. Es müßte also eine Unmenge von Individuen eliminiert werden, und die Population müßte viele Male aussterben, um ein solches Ausmaß an Polymorphismus zu erreichen und aufrechtzuerhalten.

Aufgabe: LEWONTIN und HUBBY sahen zuerst keinen Ausweg aus diesem Dilemma der übermäßig großen genetischen Last, doch bietet sich eine verhältnismäßig einfache Lösung an, wenn man darüber nachdenkt, auf welche Weise Selektion auf die Phänotypen ganzer Organismen – und nicht so sehr auf die einzelnen Loci – einwirkt. Wie sieht die Antwort aus?

Antwort: Nicht weniger als drei Genetiker schlugen unabhängig voneinander die folgende Lösung vor. Die Schwierigkeit hatte sich dadurch ergeben, daß jeder Locus so betrachtet wurde, als ob er isoliert von den anderen der Selektion unterworfen wäre, und daß dann Tausende von selektiven Prozessen addiert wurden, als ob sie unabhängige Ereignisse wären. Aber die Einheit, auf die die Selektion wirkt, ist das Individuum, nicht der Locus. Die Umwelt beeinflußt den ganzen fertigen Phänotyp und nicht die verschiedenen Loci. Man kann mit Recht annehmen, daß die Allele an den verschiedenen Loci sich gegenseitig positiv oder negativ beeinflussen, um das fertige Produkt zu schaffen. Viele tragen in der Tat additiv zu demselben Merkmal bei. Folglich sollten Allele wahrscheinlich als Bestandteile von Gruppen und nicht als isolierte Einheiten aufgefaßt werden. Unter dieser Bedingung kann und muß der Gesamtaufwand, der erforderlich ist, um Loci im polymorphen Zustand zu halten, weit geringer sein als in dem ursprünglichen Modell angenommen worden war.

Evolution in heterogener Umwelt

Wenn man von dem Selektionskoeffizienten (s) als einer Konstanten spricht, so ist dies dasselbe, als ob man sagen wollte, die Umwelt ändert sich nicht. Natürlich ist weder das eine noch das andere korrekt. Die Umgebung ist heterogen in Raum und Zeit. Ein kurzer Flug kann einen Vogel vom Wald zum Feld tragen; ein Spaziergang um 180° von nur 1 cm Länge kann ein Insekt vom warmen Sonnenschein auf der Oberseite eines Blattes in den kühlen Schatten der Unterseite bringen. Die physikalischen Bedingungen verändern sich rhythmisch von Tag zu Tag und von Jahreszeit zu Jahreszeit und, als Folge der normalen Klimaschwankungen, in einem nicht vorausberechenbaren Muster auch von Jahr zu Jahr. Das biologische Milieu verändert sich ebenfalls: die Art, von der sich eine Population ernährt, der sie selbst als Nahrung dient oder mit der sie konkurriert, ändert sich ebenfalls räumlich und zeitlich in ihrer Zusammensetzung und relativen Häufigkeit.

Die Analyse der Populationsgenetik in wechselhafter Umwelt befindet sich gegenwärtig erst im Anfangsstadium. Wir wollen hier eine kurze Einführung in eine von RICHARD LEVINS kürzlich gefundene theoretische Methode geben. LEVINS Begriff des „Fitness Set" ist wichtig, nicht nur, weil er versucht, die Umwelt in einer realistischeren Art und Weise zu behandeln, sondern auch deshalb, weil seine analytische Methode eine radikale Abwendung von der klassischen Populationsgenetik bedeutet, mit der der Leser bisher vertraut gemacht wurde. Auf jeden Fall wird derjenige, der sich ernsthaft mit der Populationsgenetik beschäftigt, etwas über diese alternative Methode, die das Problem von einer anderen Seite angeht, erfahren wollen, selbst wenn er noch nicht genügend vorbereitet ist, um die ziemlich schwierigen, weit fortgeschrittenen (und zum großen Teil noch unbewiesenen) Aspekte der Theorie verfolgen zu können.

Sehen wir uns zunächst Abb. 2-10 an. Hier beschäftigt uns die Eignung verschiedener Genotypen (jeder Punkt ist ein Genotyp) in zwei verschiedenen lokalen Habitaten, die von einer Population bewohnt werden. Nehmen wir an, die Art, die wir untersuchen wollen, sei ein Insekt und die zwei Habitate seien Eichen und Kiefern in einem natürlichen Mischwald. Die Eignung des einen Insektengenotyps für die Eiche bezeichnen wir mit W_1; sie wird entlang der horizontalen Achse gemessen. Die Eignung des Genotypus für die Kiefer bezeichnen wir mit W_2 und messen sie entlang der vertikalen Achse. So kann jeder Genotyp als Punkt in der zweidimensionalen Darstellung der Fitness-Werte in den zwei Habitaten eingezeichnet werden. Beachten wir, daß die von den Punkten ge-

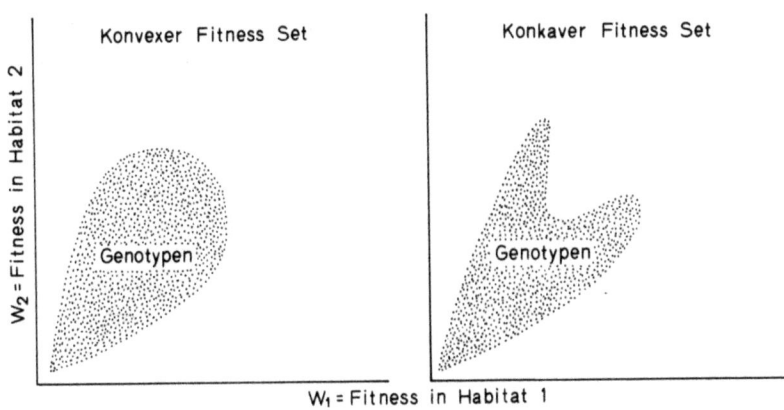

Abb. 2-10. *Zwei Fitness Sets* in heterogener Umwelt. Jeder Punkt entspricht einem anderen Genotyp. Seine Position in bezug auf die beiden Achsen gibt seine Eignung an gegenüber dem speziellen Habitat, das jede Achse repräsentiert

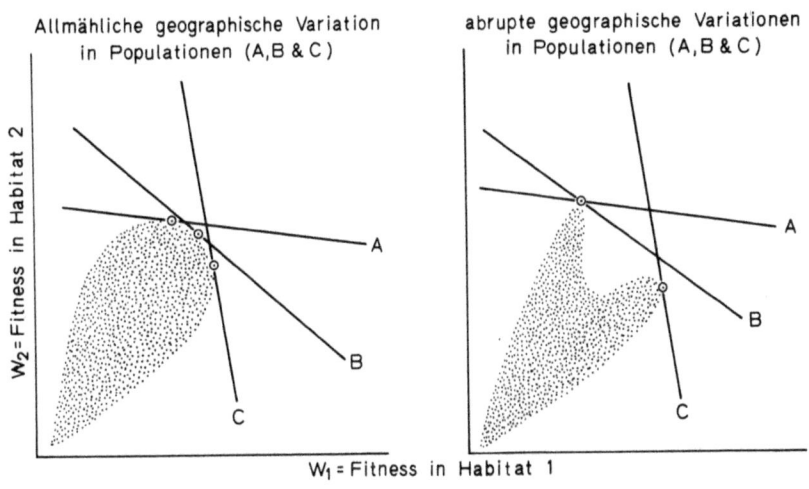

Abb. 2-11. *Einfluß der unterschiedlichen Form* eines Fitness Sets in geographisch getrennten Populationen A, B und C. Die linke Abbildung zeigt, wie sich eine allmähliche geographische Variation der Populationen aus einem konvexen Fitness Set ergibt; das rechte Diagramm verdeutlicht das Entstehen einer abrupten geographischen Variation aufgrund eines konkaven Fitness Set

formten Muster stark variieren können. Sie können beispielsweise eine konvexe oder eine konkave Gestalt annehmen, wie in Abb. 2-10 dargestellt ist. Sehen wir uns nun Abb. 2-11 an. Stellen wir uns vor, an dem

Ort, den wir ausgewählt haben (Ort A) sei ein Anteil p_A der Bäume Eichen und der Rest q_A Kiefern. Die durchschnittliche Eignung ($\overline{W}$) eines bestimmten Genotyps am Ort A ist daher

$$\overline{W} = p_A W_1 + q_A W_2. \tag{16}$$

In dieser Formel sind p_A und q_A konstant und W_1 und W_2 sind von dem speziellen ausgewählten Genotyp abhängig. Nun können wir das Problem in traditioneller darwinistischer Weise stellen: Welcher Genotyp besitzt die größte Fitness? Es wird der am Ort A vorherrschende Genotyp sein. Die Gerade A in Abb. 2-11 ist die graphische Darstellung von Gl. (16), jedoch folgendermaßen umgeschrieben

$$W_2 = \frac{\overline{W}}{q_A} - \frac{p_A}{q_A} W_1.$$

Erinnern wir uns daran, daß p_A und q_A konstant sind und daß, wenn wir $\overline{W}$ einen fixen Wert zuteilen, die Beziehung zwischen den Variablen W_1 und W_2 in der Abbildung als gerade Linie ausgedrückt wird. Für jeden angenommenen Wert von $\overline{W}$ erhalten wir eine Gerade A an anderer Stelle, aber mit der gleichen Neigung. Wir interessieren uns jedoch nur für ein Mitglied dieser Familie von parallelen Linien, und zwar für diejenige Linie, die einen Genotyp in der Population berührt und gleichzeitig den größten Wert für $\overline{W}$ ergibt. Das ist die mit A bezeichnete Linie in Abb. 2-11. Wir sehen, daß es bei einer gegebenen Neigung (die relative Häufigkeit von Eiche und Kiefer am Ort A ist ja konstant) einen äußersten Punkt gibt, der gerade noch von der Familie der A-Linien berührt wird. Wir sehen auch, daß dieser Genotyp unter allen Genotypen die höchsten Fitness-Werte W_1 und W_2 aufweist und somit am Ort A durch natürliche Selektion begünstigt wird.

Wenden wir uns nun Ort B zu, an dem Eichen und Kiefern in einem anderen Verhältnis vorkommen; nennen wir diese Proportionen p_B und q_B. Die Neigung der $\overline{W}$-Kurve am Ort B unterscheidet sich daher von der der Kurve am Ort A, wie in Abb. 2-11 festzustellen ist. In einem korrekten Fitness Set unterscheidet sich der begünstigte Genotyp am Ort B von dem an Ort A. An einem dritten Ort, C, ist das Resultat wieder anders; und so fort. Wenn diese räumliche Veränderung des Verhältnisses von Eichen zu Kiefern allmählich erfolgt, mit anderen Worten: wenn der wichtige Faktor der Umwelt in regelmäßiger Weise variiert, so wird das Ergebnis eine regelmäßige geographische Veränderung innerhalb der Art sein. Ein nach außen sichtbares Resultat könnte z.B. der allmähliche Übergang zu immer größeren oder dunkleren Individuen sein, wenn man in Gebiete kommt, in denen die eine oder die andere Baumart mehr und mehr dominiert. Natürlich kann dieses Ergebnis verallgemeinert und auch auf andere Habitattypen (z. B. Buchen und Birken) und auf mehr als zwei koexistierende Habitate angewandt werden.

Im Gegensatz zu der allmählichen geographischen Variation kann der konkave Fitness Set beim Übergang von einer Population zur anderen abrupte Wechsel zwischen verschiedenen Genotypen mit sich bringen. Wenn wir die Darstellung auf der rechten Seite von Abb. 2-11 genau betrachten, so wird uns bald klar, warum das so ist. Ziemlich große Veränderungen können in dem Verhältnis der beiden Habitate zueinander auftreten (d. h. in der Neigung der Fitness-Kurven), ohne daß sich die Identität des begünstigten Genotyps ändert. Dann, an einem bestimmten Punkt, führt eine kleine Verschiebung des Verhältnisses dazu, daß die Fitness-Kurve einen Genotyp auf der anderen Seite des Fitness Set berührt. Dieser Vorgang kann sich in einer starken Merkmalsänderung der Art ausdrücken. Beachten wir, daß sich das Verhältnis von Eichen und Kiefern geographisch in gleicher Weise verändern könnte, wie wir uns das beim konvexen Fitness Set vorgestellt haben. Doch ist der Effekt, den diese Umweltveränderung auf die geographische Variation hat, jetzt ganz anders. Die Gestalt des konvexen Fitness Set ruft eine allmähliche, in einem bestimmten geographischen Gebiet verbreitete Variation der Art hervor, wogegen die des konkaven Set eine Weile keinerlei Änderung zuläßt, um dann plötzlich inmitten einer sich allmählich verändernden Umwelt eine beachtliche Abweichung zu verursachen. Taxonomisten kennen diese beiden möglichen Erscheinungsformen aus ihren Studien über *Subspezies* oder *Unterarten* (geographische Rassen derselben Art). In manchen Fällen ist ein allmählich wechselndes Milieu mit einer ebenso allmählichen geographischen Veränderung eines Merkmals verbunden. In anderen Fällen ist sie hingegen mit abrupten Veränderungen der Eigenschaften gekoppelt oder, anders ausgedrückt, die Grenzen der Subspezies sind schärfer gezogen.

Die Bedeutung dieser durchaus theoretischen Betrachtung muß jetzt in verschiedener Hinsicht eingeengt werden. Die Darstellungen in Abb. 2-10 und 2-11 sind frei erfunden. Bisher sind Fitness Sets und Fitness-Kurven in Freiland- und Laboruntersuchungen noch nicht ausreichend durch Beispiele belegt worden. Die Fitness Set-Theorie ist nicht die einzige Erklärung für die unterschiedlichen Muster geographischer Variation. In den meisten Fällen kann man immer noch adäquate theoretische Erklärungen auf der Grundlage der klassischen Populationsgenetik finden. Wir wollten den Leser hier mit dieser neuen Idee vertraut machen, da sie in gewisser Weise eine flexiblere und allgemeinere Methode anbietet, die es erlaubt, etwas exakter über die Komplexität der Evolution in einer sich verändernden Umwelt nachzudenken. Ebenso öffnet sie uns den Weg zu neuartigen Formen der Forschung. Wie z. B. könnten die zwei Arten von Fitness Sets entstehen? Unterschiedliche Fitness Sets gibt es bestimmt, aber warum sind sie nicht alle konvex oder konkav? Wir können erwarten, daß konvexe Sets bestehen, wenn die Genotypen in der Lage sind, sich physiologisch und verhaltensmäßig an verschiedene Umweltbedingungen anzupassen. Mit anderen Worten: wenn jeder Genotyp fähig ist, sich Eichen und Kiefern annähernd gleich gut anzupassen, so wird sich die Eignung dieser Genotypen in den beiden Milieus nicht sehr stark unterscheiden, und das wird sich in einem konvexen Fitness Set ausdrücken. Wenn jedoch keiner der Genotypen sehr flexibel ist, und es daher gewöhnlich für jeden ein Habitat gibt, dem er sich besser anpassen kann als den anderen, so wird das Ergebnis ein konkaver Fitness Set sein. Je ausgeprägter also der Einfluß der Vererbung für die phänotypische Anpassung eines bestimmten Genotyps an das Leben in einem bestimmten Habitat ist, ohne Rücksicht darauf, wo der Organismus schließlich tatsächlich leben wird, um so wahrscheinlicher ist es, daß der Fitness Set eine konkave Gestalt annimmt.

Erblichkeit und polygene Vererbung

In ihren elementaren Stadien beschäftigte sich die klassische Theorie mit Vererbungssystemen, die auf Allelpaaren des gleichen Locus beruhten. Wir wissen jedoch, daß die Mehrzahl der phänotypischen Merkmale durch *Polygene* hervorgerufen werden, d. h. durch Gruppen von Genen, die auf zwei oder mehreren Loci liegen. Wie kann dieser fundamentale Aspekt der Genetik in der Evolutionstheorie berücksichtigt werden? Die Genetiker bemühen sich in der Tat, die polygenen Systeme mit Hilfe von Modellen zu lösen, die nach den Grundsätzen konstruiert werden, mit denen wir uns bisher vertraut gemacht haben. Es ist leicht einzusehen, warum das Gebiet sehr komplex und ziemlich esoterisch geworden ist und sich zu einem großen Teil auf spezielle mathematische Methoden und Computer-Simulierungen stützt. Dennoch gibt es keinen Grund, warum der interessierte Leser sich nach der Lektüre dieses Buches nicht mit Hilfe fortgeschrittener Lehrbücher, wie denen von LI (1955), LERNER (1958), FALCONER (1960), WALLACE (1968) und CROW und KIMURA (1970) weiter mit diesem Thema befassen könnte. Inzwischen soll die folgende Betrachtung einige der grundlegenden Gedanken dazu vermitteln.

Der Begriff der Erblichkeit wurde bereits erwähnt. Je größer die Erblichkeit eines gegebenen Merkmals, d. h. je stärker seine unterschiedliche Ausbildung bei Individuen der gleichen Population auf Vererbung beruht, um so schneller wird es sich in der Population unter dem Einfluß einer gegebenen Selektionsintensität entwickeln. Natürlich ist schon diese Tatsache allein von höchster Wichtigkeit für Agrarforscher, die Methoden für die Pflanzen- und Tierzüchtung entwickeln, und das ist auch der Grund, warum sie sozusagen als Nebenprodukt ihrer Arbeit so bedeutende Beiträge zu der Analyse der polygenen Vererbung (siehe LERNER, 1958) geleistet haben. Ganz einfach ausgedrückt: Erblichkeit ist ein präzises Maß, welches die Gesamtheit der phänotypischen Variabilität mit dem Anteil der Variabilität vergleicht, der ausschließlich auf die Variabilität der Gene zurückgeht. Sie läßt sich in folgender Weise bestimmen. Die gesamte phänotypische Variabilität eines Merkmals ist die Streuung des Merkmals in der gesamten Population. Diese Streuung wird präzise durch die *phänotypische Varianz* (V_P) ausgedrückt, eine Maßzahl, die direkt aus Messungen der Population erhalten werden kann (siehe Kap. I). Die phänotypische Varianz ist die Summe von *genetischer Varianz* (V_G) und *umweltbedingter Varianz* (V_E). Die genetische Varianz ihrerseits geht auf Unterschiede in den das Merkmal beeinflussenden Genen zurück, und die umweltbedingte Varianz ist wiederum das Ergebnis unterschiedlicher Umweltbedingungen, die auf die individuelle Entwicklung einwirken. *Erblichkeit im weiteren Sinne* (h_B^2) ist der Anteil, mit dem die genetische Varianz zu der gesamten phänotypischen Varianz beiträgt:

$$h_B^2 = \frac{V_G}{V_P} = \frac{V_G}{V_G + V_E}.$$

Die Erblichkeit 1 bedeutet, daß die gesamte Variation in der Population auf Unterschiede zwischen den Genotypen zurückzuführen ist und daß in gleichen Genotypen keine Variation auf dem Einfluß der Umgebung beruht. Ein Wert null besagt, daß die gesamte Variation umweltbedingt ist oder, anders gesagt, daß genetische Unterschiede zwischen den Individuen keinen Einfluß haben. Erblichkeit ist ein sehr nützlicher Begriff, doch muß er mit äußerster Sorgfalt angewandt werden. Bedenken wir, daß seine Größe von dem zur Messung benutzten Merkmal abhängig ist. Die einzelnen Merkmale in ein und derselben Population zeigen äußerst unterschiedliche Erblichkeitswerte. Bedenken wir außerdem, daß Erblichkeit von dem Biotop der Population abhängt. Die gleiche Population, mit der gleichen genetischen Konstitution, kann eine andere Erblichkeitszahl für ein bestimmtes Merkmal ergeben, wenn sie in eine neue Umwelt versetzt wird. Die Erblichkeit kann außerdem in verschiedene Komponenten zerlegt werden, ebenso wie man bei der Vererbung (oder der Umgebung) verschiedene Teile unterscheiden kann. Zum Beispiel kann man die additive Vererbung zerlegen in

$$V_G = V_A + V_D + V_I, \text{ wobei}$$

V_A die Varianz aufgrund des additiven Effekts von Genen ist, die zu den verschiedenen individuellen Genotypen beisteuern. Einige dieser Gene bewirken eine besonders starke Entwicklung eines Merkmals (wie Größe, Farbe, Anzahl der Borsten), andere eine weniger starke, und der Gesamteffekt solcher Genkombinationen in jedem Individuum bestimmt das Ausmaß, in dem eine Eigenschaft sich entwickelt. Schwankungen aufgrund unterschiedlicher Kombination dieser additiven Gene bezeichnet man als V_A.

V_D ist die Varianz aufgrund von Dominanzabweichungen, d. h. aufgrund von Unterschieden im Ausmaß der Dominanz bestimmter Gene über andere ebenfalls an diesem Locus befindliche Gene.

V_I ist die Varianz, die auf epistatische Wechselwirkungen zurückgeht, d.h. auf die verschiedenen Formen der Unterdrückung oder Verstärkung der Gene an verschiedenen Loci. Z. B. könnte die Gegenwart eines Allels b_1 auf einem bestimmten Locus die Wirkung eines Genes a_1 auf einen anderen Locus unterbinden, während die Gegenwart des Allels b_2 keine solche Wirkung hat.

Aus diesen drei Komponenten der genetischen Varianz läßt sich ein engeres Maß der Erblichkeit herauskristallisieren, das eine unmittelbare Schätzung des Ausmaßes erlaubt, mit der Evolution eintreten kann. Diese *Erblichkeit im engeren Sinne* (h_N^2) ist wie folgt definiert:

$$h_N^2 = \frac{V_A}{V_P}.$$

Die Geschwindigkeit, mit der ein Merkmal sich in einer Population entwickelt, wächst in dem Maße, in dem das Produkt aus der Intensität des Selektionsprozesses und der Erblichkeit des Merkmals (im engeren Sinn) zunimmt. Um genauer zu sein, gilt $R = h_N^2 S$, wobei R die Reaktion der Population auf Selektion bezeichnet, h_N^2 die Erblichkeit im engeren Sinn und S einen Meßwert, der durch den in den Selektionsprozeß einbezogenen Anteil der Population bestimmt ist.

Das fundamentale Theorem der natürlichen Selektion

Die Berechnung der Erblichkeit legte uns den Gedanken nahe, daß, je größer die phänotypische Variation in einer Population ist, die durch die Variation der zugrunde liegenden Gene verursacht wird, um so schneller innerhalb des Variationsspielraumes Evolution auftreten kann. Wir können nun eine etwas allgemeinere Beziehung aufstellen, die Darwin bereits ahnte, wenn auch in qualitativen Ausdrücken und ohne die Mittel der modernen Genetik: je größer die genetische Variation ist, desto schneller wird die Evolution vonstatten gehen. Das Fundamentale Theorem der Natürlichen Selektion verleiht dieser Beziehung in präziser Weise Ausdruck: *Die Evolutionsrate ist der genetischen Varianz der Population proportional.* Es ist ebenfalls nachweisbar, daß unter bestimmten einfachen, aber sehr sinnvollen Bedingungen die Evolutionsrate genau gleich sV ist, d. h. die Evolutionsrate ist gleich dem Grad des Selektionsdruckes (ausgedrückt durch den Selektionskoeffizienten), multipliziert mit dem Betrag der genetischen Variation (ausgedrückt durch die Varianz), auf den die Selektion einwirkt.

Wir wollen jetzt dieses einfache aber grundlegende Theorem ableiten. Für das Verständnis der Argumentation ist die Kenntnis der Integralrechnung von Nutzen, doch ist sie nicht unbedingt erforderlich. Für diejenigen, die mit der Integralrechnung nicht vertraut sind, werden die Symbole erklärt, wenn sie auftreten. Erinnern wir uns zunächst an den Fall gerichteter Selektion, wie er in Abb. 2-7 (Mitte) gezeigt war, wo sich die Population von links nach rechts entwickelt. Die Abszisse der phänotypischen Variation spiegelt eine entsprechende Unterschiedlichkeit der Genotypen wider. Die Eignung der Genotypen nimmt von links nach rechts langsam zu. Wir müssen die Verteilung der Genotypen mit dem Merkmal, das sie determinieren und auf das die Selektion einwirkt, in Beziehung bringen, d. h. wir müssen jeden Genotyp definieren gemäß der durchschnittlichen Körpergröße, die er hervorruft, oder gemäß der Größe der Nahrungsteilchen, die er am besten ausnutzt, oder was immer der Phänotyp sein mag. Doch für den unmittelbaren Zweck unserer Betrachtung wird es nützlich sein, sich möglichst auf den Genotyp und seine Eignung zu konzentrieren und dabei gleichzeitig im Auge zu behalten, daß jeder einem bestimmten Phänotyp zugehört.

Aus der Frequenzkurve der Phänotypen (in Abb. 2-7) können wir also die Frequenzverteilung der Genotypen entnehmen, und das ist nichts anderes als die Aussage darüber, welcher Prozentsatz (d. h. welche Frequenz) der Organismen in einer Population zu jedem Genotyp gehört. Anhand dieser Frequenzverteilung der Genotypen können wir den Mittelwert und die Varianz der Genotypen erhalten. Diese statistischen Zahlen beruhen auf der direkten Messung der Phänotypen, die jedoch dann zu den zugrunde liegenden Genotypen in Beziehung gesetzt werden. Nehmen wir drei Genotypen an, die alle gleich stark in einer Pflanzenpopulation vertreten sind und dazu führen, daß die Blätter der Pflanzen jeweils einen, bzw. zwei oder drei Flecke haben. Dann würden wir den Mittelwert der Anzahl von Flecken in der Population folgendermaßen berechnen

$$\text{Mittel} = \frac{1+2+3}{3} = 2 \text{ Flecken.}$$

Die Varianz, die den Grad der Abweichung vom Mittelwert der Individuen einer Population mißt, wird errechnet als

$$\text{Varianz} = \frac{(2-1)^2 + (2-2)^2 + (3-2)^2}{3} = \frac{2}{3}.$$

Nehmen wir nun an, daß die Pflanzen mit 1, 2 und 3 Flecken nicht gleichmäßig in der Population vorkommen. 25% (0,25) haben einen Fleck, 50% (0,50) zwei und 25% (0,25) drei Flecken. Mittelwert und Varianz werden berechnet, indem man jeden Wert mit den entsprechenden Frequenzen multipliziert und damit entsprechend wertet:

Mittel $= 0,25 \times 1 + 0,50 \times 2 + 0,25 \times 3 = 2$;

Varianz $= 0,25 \times (2-1)^2 + 0,50 \times (2-2)^2 + 0,25 \times (3-2)^2 = 1/2$.

Wollen wir das in Symbolen ausdrücken, so nennen wir die Anzahl der Flecken (oder jeden anderen Phänotyp, der von einem bestimmten Genotyp kontrolliert wird) x; $g(x)$ stellt die Frequenz eines gegebenen Phänotyps oder seines zugehörigen Genotyps dar, also z.B. $g(2) = 0,50$. $\bar{x}$ soll den Mittelwert und V die Varianz bezeichnen. Schließlich rufen wir uns die weiter oben durchgeführten Berechnungen von $\bar{x}$ und V ins Gedächtnis zurück, doch diesmal wollen wir eine große Anzahl von Genotypen berücksichtigen, durch welche die entstehenden Merkmalsunterschiede determiniert werden. Diese Definitionen können wir folgendermaßen in die Sprache der Integralrechnung übersetzen:

$\bar{x} = \int x g(x) dx$ Mittelwert;

$V = \int (x - \bar{x})^2 g(x) dx$ Varianz.

dx bezeichnet die Tatsache, daß die Addition über eine große Zahl extrem kleiner Intervalle des Phänotyps x erfolgt; mit anderen Worten: wir müssen uns nicht an die groben Klassifikationen wie die Anzahl der Flecken, oder groß gegenüber klein, halten, sondern können die Phänotypen so exakt messen, wie es erforderlich ist, um die zugrunde liegenden Genotypen aufzuzeichnen.

Stellen wir uns vor, unsere Population durchliefe eine Selektion, welche die Überlebenschance (oder Reproduktion) linear mit dem durchschnittlichen Phänotyp (z.B. Körpergröße) ansteigen ließe. Führen wir alle diese Eignungen auf die des mittleren Genotyps (den, der den Phänotyp $\bar{x}$ hervorruft) zurück, so kann die Eignung jedes Genotyps x ausgedrückt werden als

$$W(x) = 1 - s(\bar{x} - x),$$

wobei $W(x)$ die Eignung von x bezeichnet und s eine Zahl angibt, die die Stärke der Selektion mißt. (Das ist nicht dasselbe wie ein Selektionskoeffizient, der die genaue Stärke der Selektion gegenüber einem speziellen Genotyp angibt.) Beachten wir, daß der mittlere Genotyp $\bar{x}$ gemäß dieser Definition eine Eignung von 1 besitzt, während Genotypen mit kleineren oder größeren Werten eines phänotypischen Merkmals eine relative Eignung unter bzw. über 1 aufweisen. (Um das Auftreten negativer Werte für $W(x)$ zu vermeiden, müssen wir zusätzlich annehmen, daß kein Genotyp um mehr als $1/s$ Einheiten von x gegenüber dem mittleren Genotyp abweicht oder daß die Eignung aller stärker abweichenden Genotypen gleich null ist.)

Der Selektionsvorgang verschiebt die Frequenz $g(x)$ jedes Genotyps zu einer neuen Frequenz $g'(x)$, und zwar ist

$$g'(x) = W(x)g(x)$$
$$= (1 - s(\bar{x} - x))g(x).$$

Jetzt haben wir uns genug damit beschäftigt, Definitionen und die einfachsten Regeln der Selektion aufzustellen. Wir können nunmehr das fundamentale Theorem der natürlichen Selektion durch Berechnen des mittleren Genotyps x der Population nach Auftreten der Selektion beweisen. Wir werden diese Berechnung Schritt für Schritt durchführen, um die einzelnen Rechenvorgänge aufzuzeigen. Man beachte, daß im Grunde nur einfache Addition vorkommt oder das Einsetzen von Ausdrücken gemäß den oben gegebenen Definitionen. Diese Ableitung ist für das Verständnis des fundamentalen Theorems nicht unbedingt wesentlich, kann aber als gute, algebraische Übung betrachtet werden.

$$\bar{x}' = \int xg'(x)dx$$
$$= \int x(1 - s(\bar{x} - x))g(x)dx$$
$$= \int (x - s(\bar{x}x - x^2))g(x)dx$$
$$= \int xg(x)dx + s\int(x^2 - \bar{x}x)g(x)dx$$
$$= \int xg(x)dx + s\int x^2 g(x)dx - s\int \bar{x}xg(x)dx$$
$$\quad - s\int \bar{x}xg(x)dx + s\int(\bar{x}xg(x)dx.$$

(Die beiden letzten Ausdrücke, deren Summe gleich null ist, werden hinzugefügt, da sie zum nächsten Schritt nötig sind.)

$$\bar{x}' = \int xg(x)dx + s\int x^2 g(x)dx - 2s\int \bar{x}xg(x)dx + s\bar{x}\int xg(x)dx$$
$$= \int xg(x)dx + s\int x^2 g(x)dx - 2s\int \bar{x}xg(x)dx + s\bar{x}^2 \int g(x)dx.$$

(Das Integral $\int g(x)dx$ nach x^2 im letzten Summand kann im Ausdruck verbleiben, da es die Summe aller Frequenzen und daher gleich 1 ist.)

$$\bar{x}' = \int xg(x)dx + s\int(x^2 - 2\bar{x}x + \bar{x}^2)g(x)dx$$
$$= \int xg(x)dx + s\int(x-\bar{x})^2 g(x)dx$$
$$= \bar{x} + sV.$$

Um wieviel ändert sich nun der Mittelwert aufgrund des selektiven Vorgangs? Um die Differenz zwischen $\bar{x}$ und $\bar{x}'$.

$$\Delta\bar{x} = \bar{x}' - \bar{x}$$
$$= sV.$$

Wenn also der Selektionsdruck linear entlang dem Genotypengradienten ansteigt, so ist die Evolutionsrate in der Population gleich dem Produkt aus der Stärke des Selektionsdruckes und der genotypischen Varianz. Selbst wenn die Selektion nicht linear anwächst, läßt sich nachweisen, daß die Evolutionsrate immer in gewisser Weise der genotypischen Varianz proportional ist. Diese allgemeinere Beziehung wird häufig als FISHERS Fundamentales Theorem der Natürlichen Selektion bezeichnet. 1930 wies R.A. FISHER nach, daß die Geschwindigkeit der Zunahme der Eignung gleich der genetischen Varianz der Eignung ist. Was wir hier dargestellt und als Fundamentales Theorem der Natürlichen Selektion bezeichnet haben, ist ein ähnliches, aber nützlicheres Prinzip. Es ist intuitiv bedeutungsvoller und kann leichter auf tatsächlich beobachtete Fälle von Evolution angewandt werden.

Genetische Drift

Genetische Drift ist die Veränderung der Genfrequenzen durch Zufallsfehler in kleinen Populationen. Sie kommt in gewissem Grade in allen begrenzten Populationen vor, kann aber wahrscheinlich nur in verhältnismäßig sehr kleinen Populationen als evolutionäre Kraft wirksam werden. Um einen Begriff davon zu bekommen, was Zufallsfehler bedeutet, sehen wir uns das folgende einfache Experiment aus der Wahrscheinlichkeitstheorie an. Stellen wir uns vor, wir sollten eine zufällige Probe von 10 Kugeln aus einem sehr großen Sack entnehmen, der genau zur Hälfte schwarze und weiße Kugeln enthält. Trotz des 1 : 1 Verhältnisses im Sack können wir nicht erwarten, jedesmal genau 5 weiße und 5 schwarze Kugeln zu greifen. Die Wahrscheinlichkeit, daß unsere Probe den tatsächlich vorhandenen Anteilen entspricht, ist aufgrund der Binomialverteilung:

$$\frac{10!}{5!5!}\left(\frac{1}{2}\right)^{10} = 0{,}246.$$

Andererseits besteht eine geringe Wahrscheinlichkeit $[2(1/2)^{10} = 0{,}002]$, daß wir nur 10 weiße oder nur 10 schwarze Kugeln nehmen. Ähnlich ist die Situation in kleinen Populationen. In einem System mit zwei Allelen erzeugt eine stabile Population von N Elternindividuen eine große Anzahl von Gameten, deren Allelfrequenzen ziemlich genau denen der Eltern entsprechen; dieser Gametenpool läßt sich mit dem Sack voll Kugeln vergleichen. Aus dem Pool werden etwa $2N$ Gameten als eine Art Stichprobe entnommen, um die nächste Generation von N Individuen zu bilden. Ist $2N$ klein genug und die Zusammensetzung der Stichprobe nicht übermäßig durch andere Faktoren wie z. B. Selektion beeinflußt, so kann das Verhältnis von A- zu a-Genen (vergleichbar mit den schwarzen und weißen Kugeln) einfach aufgrund zufälliger Fehler von Generation zu Generation beträchtlich schwanken.

Ein gewisser Betrag an Zufallsfehlern ist bei genetischen Experimenten unvermeidlich. Wir sind daran gewöhnt, daß einfache Experimente entsprechend den Mendelschen Gesetzen eindeutige Zahlen erbringen, z. B. 3:1 als das Verhältnis der gelben zu den grünen Erbsensamen in MENDELS ursprünglichem Versuch. MENDEL behauptete jedoch, daß sein Experiment in Wirklichkeit 6022 gelbe und 2001 grüne Individuen ergab. Wenn wir die Zahlen aus sieben anderen Experimenten, die seit 1866 veröffentlicht wurden, hinzurechnen, so ergibt sich ein Verhältnis von 153 902 : 51 245 oder 3,003 : 1. Dieses Verhältnis wird normalerweise nicht als „statistisch verschieden" von 3:1 angesehen, doch ist es aufgrund des Zufallsfehlers auf alle Fälle nicht mit 3:1 identisch. Es ist daher selbst in verhältnismäßig großen natürlichen Populationen denkbar, daß Zufallsprozesse eine, wenn auch untergeordnete Rolle bei Veränderungen der Genhäufigkeiten spielen.

Drei Situationen sind theoretisch erwogen worden, in denen die genetische Drift eine wirksame Rolle bei der Evolution kleiner natürlicher Populationen spielen könnte.

1. *Kontinuierliche Drift.* Die Population bleibt zahlenmäßig klein, und die Zufallsfehler sind in jeder Generation wirksam.

2. *Zeitweilige Drift.* Die Population wird gelegentlich so stark reduziert, daß genetische Drift wirksam werden kann. Die Populationsabnahme kann auf die eine oder andere der beiden folgenden Arten wirksam werden: (a) Falls die Sterblichkeit zur Zeit der Populationsabnahme wahllos erfolgt, können die Überlebenden allein aufgrund des Zufalls eine verschiedene genetische Zusammensetzung haben („Engpaßeffekt"); (b) falls die Population mindestens zwei Generationen lang klein bleibt, dann setzt der Prozeß der kontinuierlichen Drift ein.

3. *Das Gründerprinzip.* Neue Populationen werden häufig von einer kleinen Individuenzahl gegründet, die nur einen Bruchteil der genetischen Vielfalt der Elternpopulation weitergibt und sich daher von ihr unterscheidet. Wenn der Zufall bei der Auswahl der Gründerindividuen mitspielt (und das ist in gewissem Umfang fast sicher der Fall), dann werden neue Populationen dazu neigen, sich sowohl untereinander als auch von der Elternpopulation zu unterscheiden. Das Gründerprinzip (oder der Gründer-Effekt, wie er auch genannt worden ist) ist möglicherweise wichtig bei der Entstehung neuer Arten.

Es soll jetzt eine Methode gezeigt werden, mit deren Hilfe der Effekt der genetischen Drift grob geschätzt werden kann. Wir wollen den Änderungsbetrag Δq in der Frequenz eines Allels a während einer Generation wissen, der nur auf Zufall beruht. Da wir es hier eher mit einem statistischen als mit einem deterministischen Vorgang zu tun haben, ist es notwendig, die *Streuung* von Δq anhand vieler Populationen gleicher Größe zu berechnen. Ist die Streuung von Δq wirklich zufällig, so wird der *Mittelwert* von Δq bei den Populationen gleich null sein, da (wenn wir von Vorzeichen absehen) die Summe aller Δq in positiver Richtung (Zuwachs an Genfrequenz) gleich ist der Summe aller Δq in negativer Richtung (Verlust an Genfrequenz). Jede Population besitzt ein Δq. Addieren wir die Δq aller Populationen, so sollte die Summe der Gewinne gleich der Summe der Verluste sein und somit null ergeben. Interessant ist also die Streuung von Δq bei allen Populationen, gemessen als Varianz. Die Verteilung von q ist binomial. Die Varianz einer binomialen Stichprobe um den Mittelwert q ist pq/N, wobei N die Größe der Stichprobe bezeichnet. Im Falle einer Mendel-Population gibt es N Organismen, die von $2N$ Gameten gebildet wurden. Die letztere Zahl ist die Größe unserer Stichprobe, da wir es bei unserer Betrachtung mit $2N$ Allelen mit einer Wahrscheinlichkeit p von A und q von a zu tun haben. Daher ist

Varianz von Δq in einer Generation $= \dfrac{pq}{2N}$

und Standardabweichung von Δq in einer Generation $= \sigma_{\Delta q} = \sqrt{\dfrac{pq}{2N}}$.

Gemäß einer Grundaussage der Wahrscheinlichkeitstheorie wird Δq zu einer Normalverteilung kommen mit einem Mittelwert 0 und der Standardabweichung $\sigma_{\Delta q}$, wenn N sehr groß wird. Sehen wir uns die Tabellen der Normalverteilung an (siehe auch Abb. 1-1), dann stellen wir fest, daß in zwei Dritteln der Fälle Δq kleiner als $\sigma_{\Delta q}$ sein wird und nur etwa einmal in mehreren hundert Fällen größer als $3\sigma_{\Delta q}$. Denken wir daran, daß diese Werte das Maximum sind, das man als Ergebnis der genetischen Drift erwarten kann, da sie anhand eines Modells berechnet wurden, in dem keine anderen evolutionären Faktoren wirksam sind. In realen Populationen sind diese anderen Kräfte häufig, um nicht zu sagen ausnahmslos, von Bedeutung und dämpfen entsprechend ihrer Intensität die Folgen der genetischen Drift. Das Modell verhilft uns daher zu einer Schätzung der oberen Grenze der Evolution aufgrund der genetischen Drift.

Es sollte nunmehr klar sein, warum die genetische Drift ein geeigneter Ausdruck für den Vorgang der zufälligen Veränderung der Genfrequenzen ist. Evolution durch genetische Drift hat also in einer Population keine vorausberechenbare Richtung; könnte sie einige Generationen lang anhalten, so würde sich herausstellen, daß die Genhäufigkeit regellos hin und her schwankt, ohne sich einem spezifischen Wert zu nähern. Die Änderungen von einer Generation zur nächsten folgen einem *Irrweg*, wie er in der Wahrscheinlichkeitstheorie genannt wird. Das endgültige Schicksal eines Allels ist, daß es entweder verlorengeht ($q=0$) oder fixiert wird ($q=1$), wie in Abb. 2-12 zu sehen ist.

Das wichtigste Resultat der genetischen Drift ist der Verlust der Heterozygotie in den Populationen. SEWALL WRIGTH stellte den folgenden Grundsatz auf: Sind alle anderen evolutionären Kräfte (Selektion, Mutation, Migration, Meiotic Drive) ausgeschaltet, so gehen sowohl Fixierung als auch Verlust an jedem Locus mit einer Geschwindigkeit von ungefähr $1/4N$ pro Generation vor sich. Diese Beziehung ist sehr nützlich, da sie die Größe der Fixierungs- und Verlustrate beschreibt. Die Zeitspanne bis zur Fixierung oder Ausmerzung eines Allels ist daher im Durchschnitt ungefähr $4N$ Generationen.

Was haben wir unter „großen" und „kleinen" Populationen zu verstehen in bezug auf mögliche Zufallsschwankungen? Mit Hilfe der bereits vorhandenen Gleichungen können wir uns ein vorläufiges Bild machen.

1. *Klein.* Ist N in der Größenordnung von 10 oder 100, so können Allele mit einer Rate von ungefähr 0,1 oder 0,01 pro Locus pro Generation verlorengehen. Ebenso kann $\sigma_{\Delta q}$ 0,1 oder mehr von pq sein. Bei Populationen dieser Größe stellt die genetische Drift eindeutig einen wichtigen Faktor dar.
2. *Mittel.* Ist N annähernd 10000, so können höchstens ungefähr 10^{-4} Allele pro Generation verlorengehen; $\sigma_{\Delta q}$ kann 0,01 von pq erreichen. Kann genetische Drift in einer solchen Population uneingeschränkt wirksam sein, so wird sie die Mikroevolution nur in bescheidenem Ausmaß beeinflussen.

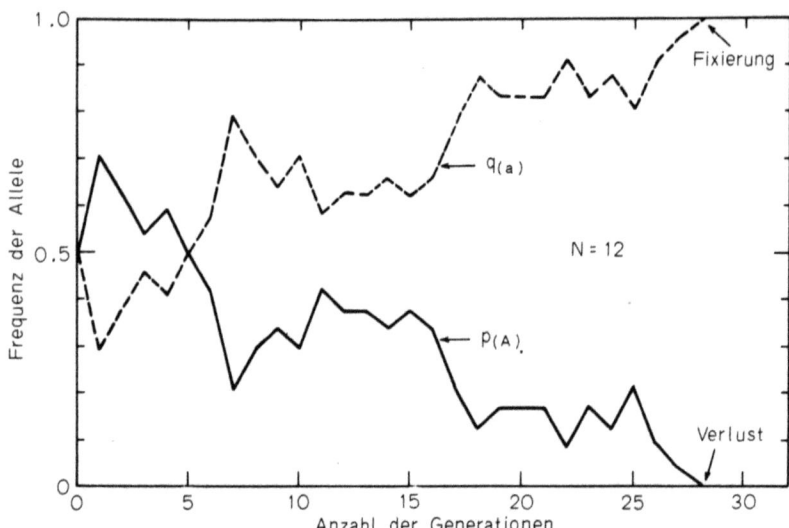

Abb. 2-12. Die mit Hilfe eines Computers simulierte *genetische Drift* führte zu der Fixierung von a und dem Verlust von A in einer Population von nur 12 Individuen. Je kleiner die Population ist, um so schneller wird im allgemeinen die Drift zu dieser Endsituation führen

3. *Groß.* Ist N gleich 100000 oder größer, so kann der maximal mögliche Genverlust vernachlässigt werden: $\sigma_{\Delta q}$ beträgt jetzt nur ungefähr 0,001 von pq. Schon eine sehr geringe Frequenzverschiebung aufgrund anderer Evolutionsfaktoren wird diesen kleinen Effekt aufheben.

Kurz gesagt: wir würden nicht erwarten, daß genetische Drift einen in irgendeiner Weise wichtigen Faktor für die gegenwärtige Evolution so dominanter Arten wie Haussperling und Silbermöve darstellt, doch wird sie möglicherweise schon kritisch z. B. für den nordamerikanischen Moorkranich (Population 1970: 57) oder den nordamerikanischen Elfenbeinschnabel-Specht (Population 1970: unter 20, wenn überhaupt noch vorhanden). Es ließ sich bisher mehrfach beobachten, daß bei einer Population einer aussterbenden Art oder Unterart, z.B. des europäischen Bisons und einer nordamerikanischen Präriehuhnart, nachdem sie auf ein paar Hundert oder einige zehn Individuen zurückgegangen war, eine offensichtliche Abnahme der Leistungsfähigkeit und Fertilität zu verzeichnen war, die den Niedergang beschleunigte. Dieser Effekt wurde dem Ansteigen von schädlichen Genen durch „Inzucht" zugeschrieben, d.h. wahrscheinlich der genetischen Drift. Die Aussterberaten von Tier- und Pflanzenarten, die auf kleinen Inseln endemisch sind, liegen höher als die verwandter Arten auf dem Festland. Dieser evolutionäre „Fallen-Effekt" wurde zum Teil der genetischen Drift zugesprochen, jedoch mögen andere typische Eigenschaften der Inselbewohner, nämlich die geringe Populationsgröße selbst sowie eine Tendenz zu größerer Spezialisierung, wohl wichtiger sein.

Aufgabe: In einer isolierten Population mit 5000 sich fortpflanzenden Individuen wurde beobachtet, daß die Frequenz eines Allels in einer Generation von 0,50 auf 0,45 absank. Könnte dies auf genetische Drift zurückzuführen sein? Auf Mutationsdruck? Auf natürliche Selektion?

Antwort: Was wir brauchen, ist ein vernünftiger Grenzwert für das Ausmaß der Frequenzänderung, die bei Abwesenheit aller anderen Faktoren durch die genetische Drift allein hätte verursacht werden können. Die Standardabweichung der Genfrequenzänderung unter dieser Bedingung wäre

$$\sigma_{\Delta q} = \sqrt{\frac{pq}{2N}} = \sqrt{\frac{0{,}5 \times 0{,}5}{10\,000}} = 0{,}005.$$

In etwa 99,7% aller Fälle kann man erwarten, daß die Genfrequenz sich in den Grenzen von $q \pm 3\sigma_{\Delta q} = 0{,}5 \pm 0{,}015$, das ist zwischen 0,485 und 0,515 hält. Die Wahrscheinlichkeit, daß eine Frequenz von 0,45 in einer Generation allein durch Zufall erreicht werden könnte, ist also klein, so daß man diese Hypothese guten Gewissens außer acht lassen kann. Das soll nicht heißen, daß die genetische Drift nicht für einen Teil der Veränderung in der Genfrequenz verantwortlich war, es ist nur höchst unwahrscheinlich, daß sie die ganze Veränderung hervorrief. Betrachten wir jetzt den Mutationsdruck, so können wir ebenfalls die Möglichkeit abtun, daß dieser Faktor für die gesamte Veränderung verantwortlich war. Ein Wechsel von 0,50 zu 0,45 würde eine Mutationsrate von mindestens 0,1/Locus/Generation erfordern, was höchst unwahrscheinlich ist. Andererseits können Veränderungen dieser Größenordnung leicht durch die Selektion verursacht werden. Wenn das Allel rezessiv wäre, zum Beispiel, und man annähme, die gesamte Veränderung sei ein Ergebnis der Selektion, dann könnten wir den Selektionskoeffizienten wie folgt berechnen:

$$\Delta q = -sq^2(1-q),$$
$$-0{,}05 = -0{,}25(1-0{,}5)s, \qquad s = 0{,}4.$$

Dies ist ein hoher Wert, aber er hält sich ohne weiteres innerhalb der Grenzen der Selektionskoeffizienten, die in natürlichen Populationen gemessen wurden. Dies bringt uns zu dem Schluß, daß in diesem Fall die Möglichkeit der Evolution mittels Selektion weiter untersucht werden sollte.

Die Etablierung neutraler Gene

In den letzten Jahren haben Populationsgenetiker und Biochemiker in immer stärkerem Maße ihre Aufmerksamkeit der Möglichkeit zugewandt, daß die Evolution mit Hilfe der Fixierung von selektionsneutralen Genen durch genetische Drift stattfindet (siehe CROW und KIMURA, 1970). Die Anzahl solcher Gene mit weder positiven noch negativen Selektionswerten muß klein sein. Und die Chancen, daß ein solches Gen fixiert wird, sind noch kleiner. In einer ausreichend langen Zeitspanne jedoch könnten alle neutralen Gene zusammen einen bedeutsamen Faktor in der Evolution darstellen. Selbst wenn sie noch keine Fixierung erreicht haben, könnten sie zum genetischen Polymorphismus in Populationen beitragen. Wie oft wird ein neutrales Gen in einer Population fixiert? Die Antwort stellt sich als bemerkenswert einfach heraus. Die Fixierungsrate, gemessen an der Anzahl der pro Generation fixierten neutralen Gene, ist gleich μ, der Rate, mit der die neutralen Gene aufgrund von Mutation pro Locus und Generation auftreten. Dieses Ergebnis erhalten wir folgendermaßen: Wenn neue mutierte Allele mit einer Rate μ pro Generation entstehen, dann ist die Anzahl *neuer* Mutanten in der ganzen diploiden Population in einer Generation gleich $2N\mu$. Wenn eine individuelle Mutante entsteht, dann macht sie genau $1/2N$ aller Gene dieses Locus in der Population aus. Da sie neutral ist, hat sie die gleiche Möglichkeit wie alle anderen Allele, die im Augenblick ihres Entstehens auch vorhanden sind, daß ihre Abkömmlinge zu einem späteren Zeitpunkt in allen $2N$ Positionen in der Population fixiert werden. Mit anderen Worten, die Chance, daß die Abkömmlinge einer neutralen Mutante unter Ausschluß aller anderen Allele fixiert werden, ist $1/2N$. Die Wahrscheinlichkeit für die Fixierung eines beliebigen neutralen Gens, das in einer gegebenen Generation entstand, ist folglich gleich der Gesamtzahl entstandener Mutanten ($2N\mu$), multipliziert mit der Wahrscheinlichkeit, daß irgendein beliebiges Allel fixiert wird ($1/2N$).

$$\text{Wahrscheinlichkeit der Fixierung} = 2N\mu \, \frac{1}{2N} = \mu.$$

Die Wahrscheinlichkeit der Fixierung entspricht der Rate, mit der solche neutralen Gene fixiert werden. Sie wird gemessen als der Anteil der pro Generation fixierten neutralen Gene. Man kann diesen Vorgang auch unter einem anderen Blickwinkel betrachten und stellt dann fest, daß der durchschnittliche zeitliche Abstand zwischen dem Entstehen erfolgreicher neutraler Mutanten gleich $1/\mu$ ist.

Ausführliche Strukturanalysen des Säugetierhämoglobins haben ergeben, daß der Austausch einer neuen Aminosäure, die die Fixierung eines neuen Codons widerspiegelt, annähernd mit einer Austauschrate von 10^9 Jahren pro Codon vor sich geht. Diese Evolutionsgeschwindigkeit, die bei Berücksichtigung aller Hämoglobincodons ganz beachtlich ist, kann ausschließlich auf die Fixierung neutraler Gene zurückgeführt werden, wenn diese Gene mit einer Mutationsrate von nicht mehr als 10^{-9} pro Codon pro Jahr auftreten. Eine Mutante in einer Milliarde Gene pro Jahr ist eine ohne weiteres gängige Rate (siehe Tabelle 2-1). Damit soll nicht gesagt sein, daß Hämoglobin-Evolution nur auf genetische Drift zurückgeht. Wie wir im vorhergehenden Abschnitt gesehen haben, können wir genetische Drift nur „beweisen", indem wir die Möglichkeit natürlicher Selektion ausschließen; und die Möglichkeit des Austauschs eines Hämoglobincodons durch natürliche Auslese ist noch nicht geprüft worden. Was das Resultat aber tatsächlich besagt, ist: es läßt sich nicht ausschließen, daß die gesamte Evolution möglicherweise aufgrund zufälliger Fixierung von neutralen Genen vor sich gegangen ist.

Eiweißchemiker haben die wichtige Entdeckung gemacht, daß nicht nur Hämoglobin, sondern auch bestimmte andere Enzyme und biologisch aktive Proteine die Tendenz haben, sich mit einer konstanten Rate zu entwickeln. Im Cytochrom C z. B. werden die Aminosäuren mit einer Rate von durchschnittlich 23 000 000 Jahren substituiert. Es bestehen also „Proteinuhren", mit denen man die Zeit in Abstammungslinien messen kann, wenn die Fossilien für diesen Zweck nicht ausreichen. Man könnte hoffen, auf diese Weise eine exaktere Schätzung der Zeitpunkte zu erhalten, zu denen z. B. die verschiedenen Stämme der Wirbellosen oder die Protisten im Verlauf der Evolution entstanden. Bis jetzt sind die Daten noch nicht ausreichend genug, daß man damit die Exaktheit der Proteinuhren bestimmen könnte. Sind sie verläßlich, mit einer Abweichung von nicht mehr als 100 Millionen Jahren oder sogar nur 10 Millionen Jahren? Wenn das Phänomen korrekt interpretiert worden ist und mit annehmbarer Präzision gemessen werden kann, dann könnte es zu einem wertvollen neuen Instrument der Evolutionsbiologie werden.

In der Überzeugung, daß die Proteinuhren zumindest zum Teil durch die Substitution neutraler Gene durch zufällige Drift angetrieben werden, haben einige Biologen von dem Phänomen der „nicht-Darwinschen Evolution" gesprochen (siehe KING, J.L., JUKES, T.H., Science **164**, 788–798 (1969)). Das besagt jedoch nicht, daß Proteinuhren nichts mit moderner Evolutionstheorie zu tun haben. Es bedeutet höchstens, daß ein beträchtlicher Teil der Evolution ohne die Lenkung durch die natürliche Selektion stattgefunden haben kann.

Kapitel III. Ökologie

Die Population als Grundeinheit der Ökologie

In diesem Kapitel wollen wir einige der grundlegenden Gedanken der *Populationsökologie* und der *Ökologie der Lebensgemeinschaften* betrachten, die sich im wesentlichen mit dem Wachstum und der Zusammensetzung von Populationen befassen. Auch wollen wir die Frage untersuchen, wie diese Eigenschaften andere Populationen beeinflussen und wie sie umgekehrt von anderen Populationen beeinflußt werden. Beginnen wir mit einfachen Gleichungen, die uns ein sofortiges Verständnis der Problematik vermitteln, und besprechen dann einige Methoden zur groben Schätzung und Beschreibung des Wachstums. Als nächstes befassen wir uns dann mit der *Demographie*, d.h. mit der Analyse der Geburts-, Sterbe- und Fortpflanzungsdaten in einer Population. Die Demographie liefert uns die notwendige Information zu einer präzisen Messung des Populationswachstums, sie hat jedoch andere, weitreichende Konsequenzen in der Evolutionsbiologie, die der Leser erst richtig würdigen kann, wenn er sich eingehender mit der Thematik beschäftigt.

Haben wir einmal das Populationswachstum verstanden, so können wir die nächste Stufe der ökologischen Verflechtungen, die Wechselbeziehungen zwischen verschiedenen Arten, analysieren. Es gibt zwei große Kategorien solcher Wechselbeziehungen; die erste ist die *Räuber-Beute-Beziehung*, und zwar umfaßt die Definition im weiteren Sinne die Vertilgung von Pflanzen durch Tiere und von Tieren durch andere Tiere. Die Summe aller Räuber-Beute-Beziehungen in einem bestimmten Areal stellt das Nahrungssystem dieses Gebietes dar. Die Kenntnis des Nahrungssystems, der Geschwindigkeit und der Richtung des Energieflusses durch seine vielen Bindeglieder ist der Schlüssel zum Verständnis der Leistungsfähigkeit des Systems in bezug auf seine Energienutzung. Das Gesamtsystem nennen wir das *Ökosystem*; es umfaßt alle Organismen in dem Areal sowie ihre Wechselbeziehungen untereinander und mit der unbelebten Umwelt. Kenntnisse über die Energienutzung sind nötig, um die Stabilität des Ökosystems messen zu können. Stabilität bedeutet zum einen die Beständigkeit der einzelnen Arten des Systems im Laufe der Zeit und zum anderen das Ausmaß, in dem die Schwankungen der Individuenzahl dieser Arten unter Kontrolle gehalten wird. Die zweite Möglichkeit der Wechselbeziehungen zwischen den Arten, mit der wir uns befassen wollen, ist die *Konkurrenz*, d. h. der Wettbewerb der Arten um die verschiedensten Dinge wie zum Beispiel um Nahrung, um geschützte Stellen oder um Schlafplätze, die nur in geringer Menge zur Verfügung stehen.

In der grundlegenden Theorie, mit der wir uns hier befassen, scheinen sich die Begriffe ziemlich zwanglos einer aus dem anderen zu ergeben. Wer diese Begriffe – und die häufig verwickelten Kontroversen um sie – versteht, der versteht weitgehend den Kern der modernen Ökologie. Doch sollte der Leser sich nicht täuschen und annehmen, die Ökologie basiere auf exakten quantitativen Gesetzen, die es erlaubten, Ereignisse mit derselben Gültigkeit vorherzusagen, wie es Gleichungen etwa der Physik oder der physikalischen Chemie tun. Ein Ökosystem ist weit komplexer als ein gasgefüllter Ballon oder eine Flasche mit Reagentien. Wir müssen mit Vorsicht vorgehen, wie wir es bei der Populationsgenetik getan haben: Gleichungen und Aufgaben sollten in der Hauptsache dazu benützt werden, die Grundideen kennenzulernen und ein „Gespür" für die Thematik zu bekommen. Damit diese grundlegenden Ideen auch wirklich die vielfältigen Beziehungen der tatsächlich in der Natur vorgefundenen Systeme widerspiegeln, müssen sie näher bestimmt und erweitert werden durch Methoden, bei deren Ausarbeitung sich die Ökologen erst am Anfang befinden. Häufig ist die Konstruktion komplizierter Modelle nötig, und die Bedingungen der tatsächlichen Welt müssen mit Hilfe von Computern simuliert werden. Wir empfehlen dem Leser, sich bald nach Durcharbeitung dieser Einführung wenigstens für kurze Zeit mit der Lektüre fortgeschrittener Lehrbücher, von denen einige am Ende des Buches angeführt sind, zu beschäftigen.

Das Wachstum der Populationen

Kapitel I behandelte die Grundbegriffe des Populationswachstums, hauptsächlich um zu zeigen, wie man mit ihnen Modelle konstruieren kann. Wir wollen diese Idee jetzt wieder aufgreifen und auf ihnen aufbauen. Die zwei einfachsten Formen des Populationswachstums sind das exponentielle Wachstum und das logistische Wachstum.

Exponentielles Wachstum. Nehmen wir an, daß im Verlauf eines Zeitraumes, in dem wir das Wachstum einer Population beobachten, die Reproduktionsrate pro Individuum konstant bleibt. Ein Weibchen hinterläßt z. B. im Durchschnitt für die nächste Generation zwei Weibchen;

zwei Weibchen hinterlassen vier; zehn Weibchen zwanzig, und so weiter. Mit anderen Worten: wenn die Rate, mit der die Individuen sich fortpflanzen, konstant ist, dann ist die Rate, mit der die Population als Ganzes gesehen anwächst, ein einfaches Vielfaches der bereits in der Population vorhandenen Organismen. Die Population mit zehn Weibchen vermehrt sich zehn Mal schneller als die Population mit einem Weibchen, obwohl die Rate *pro Weibchen* die gleiche ist. Diese Art des Populationsanstiegs bezeichnet man allgemein als exponentielles Wachstum; gelegentlich nennt man es auch geometrisches oder logarithmisches Wachstum. Sehen wir uns zunächst die einfachste Form dieses Wachstums an. Wenn sich, wie bei einjährigen Pflanzen und vielen Insektenarten, die Organismen nur zu einer Jahreszeit vermehren und die Generationen sich nicht überschneiden, so ist die Berechnung des Populationsanstiegs verhältnismäßig einfach. In dem gerade zitierten Beispiel hinterläßt jedes Weibchen im Durchschnitt in der nächsten Generation zwei Weibchen. Vermehrt sich die Art auf geschlechtlichem Wege, so wird auch jedes Männchen durch zwei Männchen ersetzt. Als zusätzliche Bedingung haben wir angenommen, daß jede Generation von der nächsten vollständig ersetzt wird. Es folgt, daß sich die Population mit jeder neuen Generation verdoppelt. Wenn wir mit zehn fortpflanzungsreifen Individuen beginnen, so haben wir in der nächsten Generation $2 \times 10 = 20$ Individuen, in der darauffolgenden $2 \times 2 \times 10 = 40$ Individuen und so weiter. Wir wollen jetzt verallgemeinern und nennen diesen Zuwachs pro Generation R_o. (Näheres siehe S. 102.) In dem oben angeführten Beispiel ist $R_o = 2$. Die Größe der Population (Anzahl der Individuen in der sich fortpflanzenden Generation) bezeichnen wir mit N. N_o sei die Ausgangsgröße der Population und t die Anzahl der Generationen. Dann ist

$$N = R_o^t N_o.$$

Stellen wir uns vor, R_o sei 2 wie oben, doch wir beginnen mit 1000 Individuen und beobachten das Wachstum über fünf Generationen hinweg. Die Populationsgröße müßte dann sein

$$N = 2^5 \times 1000 = 32\,000.$$

Denken wir uns nun, um ein zweites Beispiel zu nennen, wir beobachteten, wie eine Generation um 50% zunimmt. Welche Größe der Population hätten wir nach drei Generationen zu erwarten? In diesem Fall ist $R_o = 1,5$. Nach drei Generationen müßte die erwartete Populationsgröße, vorausgesetzt alle anderen Faktoren blieben konstant,

$$N = (1,5)^3 N_o = 3{,}375\, N_o$$

betragen.

Aufgabe: Eine bestimmte Schmetterlingsart vermehrt sich nur im Spätsommer. Die Eier überwintern. Eine Population dieser Art hat sich in einem Jahr von 5000 auf 6000 Individuen vermehrt. Es ist die Populationsgröße nach 2 Jahren zu berechnen unter der Annahme, daß keine nennenswerte Veränderung der Umwelt stattfand.

Antwort: Die Schmetterlingsart vermehrt sich nur einmal im Jahr und weist keine Überlappung der Generationen auf. Der Zuwachs pro Generation R_o ist $6000/5000 = 1{,}2$. Nach 2 Jahren ist

$$N = (1{,}2)^2 \times 5000$$
$$= 7200.$$

Als nächstes wollen wir das andere Extrem exponentiellen Wachstums betrachten, das wir in Populationen finden, die sich ständig vermehren. Die Gleichung für diesen Prozeß kann, wie wir sehen werden, grobgenommen auch auf den eben behandelten Fall saisonbedingter Vermehrung mit nichtüberlappenden Generationen angewandt werden. Je stärker die Überlappung ist, um so exakter trifft die Gleichung zu. Es handelt sich daher um die fundamentalste aller Wachstumsgleichungen:

$$\frac{dN}{dt} = rN$$
$$= (b_o - d_o)N.$$

N = die Anzahl der Individuen in der Population zu einem gegebenen Zeitpunkt.

t = die Zeit, gleichgültig, in welcher Einheit sie gemessen wird.

r = eine Konstante, die wir die *spezifische Zuwachsrate* oder den *Malthusschen Parameter* nennen. Gewöhnlich sagt man einfach „klein r" oder nur „r"; ihre Größe hängt ab von der gewählten Zeiteinheit.

b_o = die individuelle Geburtsrate, d.h. die durchschnittliche Anzahl an Nachkommen pro Individuum pro Zeiteinheit; der Index o zeigt an, daß die entsprechende Geburtsrate zu einem Zeitpunkt gemessen wird, zu dem die Population noch sehr klein ist (N ist „nahe null") oder so schnell wächst, als ob sie sehr klein wäre.

d_o = die individuelle Sterberate, d.h. die durchschnittliche Anzahl der Todesfälle pro Individuum pro Zeiteinheit (stirbt z.B. eins von zehn

Individuen pro Tag, dann ist $d_o = 0{,}1$ Individuen pro Individuum pro Tag); der Index o bedeutet wiederum, daß es sich um die Sterberate einer Population in einem sehr frühen Wachstumsstadium handelt oder um eine Population, die so wächst wie eine sehr kleine Population.

Diese Gleichung des exponentiellen Wachstums besagt, daß dN/dt – also die Wachstumsrate einer Population, definiert als die Anzahl der Individuen, um die eine Population pro Zeiteinheit zunimmt – einfach eine Konstante ist, mit der die Zahl der bereits existierenden Individuen multipliziert wird. Diese Konstante, die spezifische Zuwachsrate, ist ihrerseits die Differenz zwischen der Rate, mit der neue Individuen pro Individuum geboren werden, und der Rate, mit der vorher vorhandene Individuen pro Individuum sterben. Anders ausgedrückt: r ist definiert als $b_o - d_o$.

Denken wir daran, daß wir nicht behaupten, jegliches Populationswachstum sei mit diesen strikten Bedingungen in Einklang zu bringen. Der Parameter r ist je nach der Umwelt verschieden. Unter ungünstigen Umweltbedingungen ist die individuelle Sterberate höher und die Geburtsrate niedriger. In der Tat kann d_o größer werden als b_o, mit dem Ergebnis, daß r dann negativ wird und die Größe der ganzen Population exponentiell abnimmt. Ebenso sind die individuellen Geburts- und Sterberaten selbst bei unveränderter Umwelt niemals wirklich über eine längere Zeit konstant. Wenn N sich ändert, so verändern sich meistens auch die Geburts- und Sterberaten, und zwar so, daß normalerweise ein Wert von N existiert, bei dem beide Raten gleich sind, so daß N sich nicht mehr ändert. Trotz dieser Unzulänglichkeiten gibt es Bedingungen, unter denen eine Population wenigstens eine Zeit lang so wächst, *als ob* die drei Faktoren $r = b_o - d_o$ konstant wären. Das tritt dann ein, wenn die Populationsgröße beträchtlich unter dem Stand liegt, der von der gegebenen Umwelt maximal aufrechterhalten werden kann. Wir können dann mit Hilfe der Grundgleichung für exponentielles Wachstum die Populationsgrößen über eine begrenzte Anzahl von Generationen für dieses spezielle Areal vorhersagen.

Wir tun gut daran, noch über eine weitere Besonderheit bezüglich der möglichen r-Werte Bescheid zu wissen. Ökologen weisen gern darauf hin, daß zumindest in der Theorie jede Population eine optimale Umwelt besitzt, d. h. optimale klimatische Bedingungen, reichlich Raum und keinerlei Nahrungsmangel, frei von Räubern und Konkurrenten usw., in der r den höchstmöglichen Wert erreicht. Diesen Wert nennt man zuweilen r_{max}, die *maximale spezifische Zuwachsrate*. Es ist offensichtlich, daß die Mehrzahl der realen spezifischen Zuwachsraten, die unter den weniger optimalen Umweltbedingungen wirklich erreicht werden, beträchtlich unter r_{max} liegen. Obwohl zum Beispiel die realen r-Werte der meisten menschlichen Bevölkerungen schon sehr hoch liegen, hoch genug, um die gegenwärtige Bevölkerungsexplosion zu verursachen, sind sie immer noch viele Male kleiner als r_{max}, der r-Wert, der erreicht werden könnte, wenn die Menschen sich in einer sehr günstigen Umwelt maximal fortpflanzen würden.

Aufgabe: In einer sich schnell ausbreitenden, kontinuierlich sich vermehrenden Population von Kopfläusen wurde r mit 0,111 pro Tag berechnet. Wie groß ist die tägliche Zuwachsrate bei einer Population von 100 Läusen?

Antwort: Die Populationsgröße nimmt mit einer Rate von
$rN = 0,111 \times 100 = 11,1$ Läuse pro Tag zu.

Aufgabe: In den Jahren zwischen 1700 und 1800 zeigte die menschliche Bevölkerung auf der ganzen Erde ein stetes Wachstum. Sie wuchs in dieser Zeitspanne von etwa 600 auf 900 Millionen Menschen an. Wie groß war r?

Antwort: Die Wachstumsrate r kann folgendermaßen grob berechnet werden
$$\frac{900\,000\,000 - 600\,000\,000}{600\,000\,000} \text{ pro 100 Jahre}$$
$$= \frac{0,5}{100} = 0,005 \text{ pro Jahr.}$$

Diese Schätzung liegt in Wirklichkeit etwas zu hoch, denn sie berücksichtigt nicht, daß die Population während jedes einzelnen der 100 Jahre dauernd zunahm. Eine präzisere Angabe ($r = 0,004$) erhalten wir bei Anwendung der Lösung der Differential-Wachstumsgleichung. Diese Gleichung werden wir anschließend behandeln.

Aufgabe: Im Jahre 1959 betrug die menschliche Bevölkerung 2 907 000 000 Individuen und stieg sogar noch stärker an als in früheren Jahren. Die Geburtsrate betrug auf der Erde 36 pro tausend Personen im Jahr und die Sterberate 19 pro 1000 Personen pro Jahr. Wie hoch war die Bevölkerungszuwachsrate im Jahr 1959?

Antwort: Die Geburtsrate pro Individuum (b_o) betrug $36/1000 = 0,036$ im Jahr, die Sterberate pro Individuum (d_o) $19/1000 = 0,019$ pro Jahr.

Daraus ergibt sich eine spezifische Zuwachsrate (*r*) von annähernd 0,036 − 0,019 = 0,017 pro Jahr. Die voraussichtliche jährliche Zuwachsrate der Weltbevölkerung belief sich 1959 auf

$$\frac{dN}{dt} = 0{,}017 \times 2\,907\,000\,000$$
$$= 49\,419\,000 \text{ Personen/Jahr.}$$

An diesem Punkt müssen wir hinzufügen, daß *r* in der menschlichen Bevölkerung Schwankungen unterworfen ist, da die Prozentsätze in den verschiedenen Altersgruppen sich ändern. Insbesondere die in jüngster Zeit feststellbare beschleunigte Zunahme der Menschheit ergibt einen größeren Anteil junger Menschen und daher ein *r*, das höher liegt, als es sonst der Fall wäre. Erst wenn das Verhältnis der verschiedenen Altersgruppen stabil ist, wird *r* konstant. Tatsächlich ist eine Schätzung von *r* nur dann ganz korrekt, wenn eine stabile Altersverteilung zugrunde gelegt wird. Wir werden uns im weiteren Verlauf dieses Kapitels noch mit diesem Thema befassen. Inzwischen müssen wir uns damit begnügen, daß der *r*-Wert der menschlichen Bevölkerung nur annähernd aus Geburts- und Sterberaten zu errechnen ist; diesen *r*-Wert nennt die Demographie die „crude rate" des natürlichen Bevölkerungswachstums.

Wenn wir die gerade genannte Differentialgleichung ($dN/dt = rN$) integrieren, so erhalten wir eine zweite, noch brauchbarere Gleichung, die uns die schnelle Berechnung von *N* im Verlauf einer beliebig großen Zeitspanne in der Zukunft oder in der Vergangenheit erlaubt. Diese Wachstumsgleichung heißt

$$N = N_0 e^{rt},$$

wobei N_0 die Anzahl der in der Population existierenden Organismen zu Beginn unserer Beobachtung bezeichnet (das kann jeder beliebig gewählte Zeitpunkt sein), *t* die seit Beginn der Beobachtung verstrichene Zeit und e die Basis des natürlichen Logarithmus 2,71828. Wir beginnen also mit N_0 Organismen und wollen wissen, wie groß *N* nach Verlauf von *t* Stunden, Wochen, Jahren oder Generationen (oder welche anderen Zeiteinheiten wir auch immer wählen mögen) sein wird.

Aufgabe: Südamerika hat eine der höchsten Bevölkerungswachstumsraten der Welt, und zwar beträgt $r = 0{,}023$ pro Jahr. 1959 hatte es eine

Bevölkerung von 137 000 000. Es ist die für 1975 zu erwartende Bevölkerungszahl zu errechnen.

Antwort: Von 1959 bis 1975 sind es 16 Jahre.

$$N = N_0 e^{rt}$$
$$= 137\,000\,000 \times e^{(0,023 \times 16)}$$
$$= 198\,000\,000,$$

wobei wir auf die nächste Million abgerundet haben. Der Wert e, potenziert mit einer gegebenen Zahl, in diesem Fall $e^{0,37}$, kann in jedem mathematischen Tabellenbuch nachgeschlagen werden.

Aufgabe: Wenn Wanderratten in ein neues Lagerhaus einziehen, in dem die Lebensbedingungen ideal sind, so vermehren sie sich mit der sehr hohen Rate $r = 0,0147$ pro Tag. Wie viele Tage sind erforderlich für die Verdoppelung der Populationsgröße?

Antwort: Wir wollen wissen, wie viele Tage vergehen müssen (in der Gl. $= t$), damit $N = 2N_0$ beträgt.

$$N = N_0 e^{rt}$$
$$= N_0 \times 2.$$

Es folgt daraus, daß e^{rt} gleich 2 sein muß. r ist bekannt als 0,0147, und wir wollen nun den Ausdruck nach t auflösen. Wir schlagen $e^{rt} = 2$ in einer Tabelle für Exponentialfunktionen nach und finden $rt = 0,693$. Dann ist $t = 0,693/0,0147 = 47,14$ Tage. So lange das Lagerhaus genügend Raum und Nahrung liefert, können wir erwarten, daß sich die Rattenpopulation alle 47 Tage verdoppelt.

Logistisches Wachstum. Das Wachstum der Populationen kann sich nur unter speziellen Bedingungen und nur während kurzer Zeitspannen gemäß der Exponentialfunktion verhalten. Jede Population, die sich utopischerweise nur ein paar Jahre lang mit maximaler Exponentialrate ausdehnen könnte, würde schließlich das Gewicht des gesamten sichtbaren Universums annehmen und sich annähernd mit Lichtgeschwindigkeit ausdehnen. Die Menschheit, die sich von allen Organismen fast am langsamsten fortpflanzt, könnte diese Grenze in etwa 5000 Jahren erreichen, wenn irgendeine Macht uns erlauben würde, uns mit der gegenwärtigen Geschwindigkeit weiter zu vermehren. Das exponentielle Wachstum der Menschheit und einiger anderer Populationen, bei welchen exponentielles Wachstum festgestellt wurde – zumeist im Labor unter idealen Bedingungen – ist ohne Frage ein sehr kurzlebiges Phänomen.

Über lange Zeiträume hinweg ist dN/dt in allen Populationen durchschnittlich gleich null oder sehr nahe null. Anders ausgedrückt heißt das, daß N, die Populationsgröße, um einen Durchschnittswert herum schwankt; jedes vorübergehende Ansteigen wird früher oder später durch ein kompensierendes Absinken der Bevölkerungszahl ausgeglichen oder umgekehrt. Exponentiell wachsende Populationen nähern sich ihrer Wachstumsgrenze sehr häufig (wenn auch nicht immer) gemäß der sog. *logistischen Wachstumskurve* (siehe Abb. 3-1).

Diese Wachstumsgrenze, d. h. die Anzahl der Organismen, bei der dN/dt gleich null ist, wird häufig die *Kapazität der Umwelt* genannt und mit dem Symbol K bezeichnet. Wenn wir Abb. 3-1 genau betrachten, so werden wir erkennen können, warum r und K voneinander unabhängige Parameter sind. Eine seltene Art (niedriger K-Wert) kann einen hohen r-Wert haben; das bedeutet ganz einfach, daß sie den K-Wert schneller erreicht. Umgekehrt kann eine häufige Art (hoher K-Wert) einen niedrigen r-Wert haben, was nur heißt, daß sie K langsamer erreicht. Wir werden später in diesem Kapitel noch mehr über Evolution und Bedeutung von r und K zu sagen haben.

Beschäftigen wir uns jetzt etwas näher mit dem logistischen Wachstum. Der Differentialausdruck, der die Wachstumsrate angibt, heißt die *logi-*

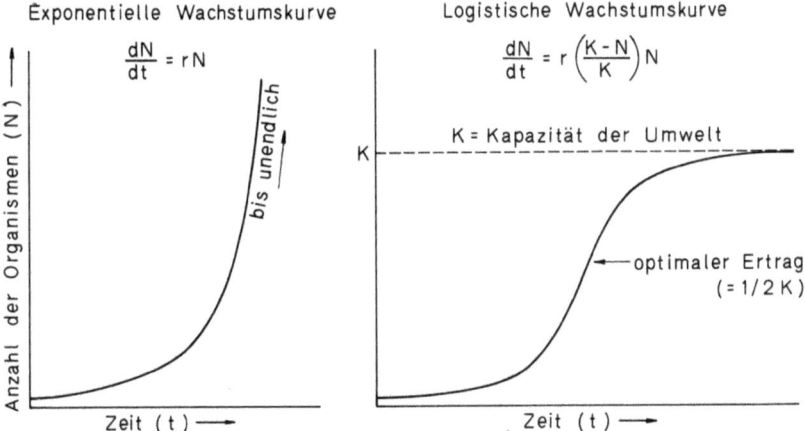

Abb. 3-1. *Zwei Grundformen* des Populationsanstiegs: exponentielles Wachstum (linke Kurve) und logistisches Wachstum (rechte Kurve)

stische Gleichung (häufig auch genauer: Verhulst-Pearlsche logistische Gleichung). Wir haben sie bereits in Kapitel I als Modellübung abgeleitet (der Leser sollte sich diesen Abschnitt noch einmal ansehen, falls er ihm nicht mehr gegenwärtig ist), und sie hat die Form

$$\frac{dN}{dt} = rN\left(\frac{K-N}{N}\right).$$

Dies ist nichts anderes als die uns bereits bekannte Exponentialgleichung, multipliziert mit dem Ausdruck $(K-N)/K$. Diesen Ausdruck hat man gewählt, um auf möglichst einfache Weise der Überzeugung gerecht zu werden, daß dN/dt abnimmt, wenn N wächst. Ist $N=K$, so ist der Ausdruck gleich null und dN/dt ist ebenfalls gleich Null. Liegt N nahe bei null, mit anderen Worten, ist die Population gerade erst im Begriff, von der Umwelt Besitz zu ergreifen, dann ist dN/dt nahezu gleich rN, d.h. das Wachstum der Population ist fast rein exponentiell. Somit entspricht der Ausdruck $(K-N)/K$ unserer ursprünglichen Vorstellung über die einfachste Art und Weise, in der sich eine Population bis zu ihrem Gleichgewichtsniveau K ausdehnen kann. Wird N größer als K, das heißt, geht die Population über die Kapazität ihrer Umwelt hinaus, so wird $(K-N)/K$ negativ und N sinkt, bis K wieder erreicht ist. In der Tat wirkt sich jede Störung der Populationsgröße und die damit verbundene Entfernung von K auf die Wachstumsrate aus, und die Population kehrt zu ihrer Gleichgewichtsgröße zurück. K ist das, was die Mathematiker als stabiles Gleichgewicht bezeichnen. Wir wollen noch einmal betonen, daß die logistische Gleichung nur ein Modell darstellt und als eine Verallgemeinerung ohne Zweifel stark vereinfacht ist, doch stimmt sie relativ gut mit den zahlreichen Labor- und Freiland-Beobachtungen des Populationswachstums überein. Das heißt, viele Wachstumskurven von Populationen, deren Verlauf von Anfang an verfolgt wird, sind S-förmig („sigmoid") und können mit einer logistischen Gleichung in Übereinstimmung gebracht werden.

Das logistische Wachstumsmodell enthält mehrere sehr grobe Vereinfachungen. Eine der schwerwiegendsten ist, daß es sich auf die Vorstellung stützt, die Wachstumsrate sei bei extrem geringen Werten von N – sozusagen, wenn die Population am Rande des Aussterbens ist – am höchsten. Wir wissen jedoch, daß Populationen unter solchen Bedingungen häufig mit den verschiedensten Schwierigkeiten zu kämpfen haben. Zum Beispiel kann es sein, daß fortpflanzungsfähige Individuen zur Paarungszeit nur schwer einen Partner finden oder daß durch Inzucht verstärkte Homozygotie und ein Verlust an Fruchtbarkeit auftritt. Für eine genaue Beschreibung wird es erforderlich sein, eine untere Grenze von N festzusetzen, unterhalb derer das Populationswachstum negativ wird und

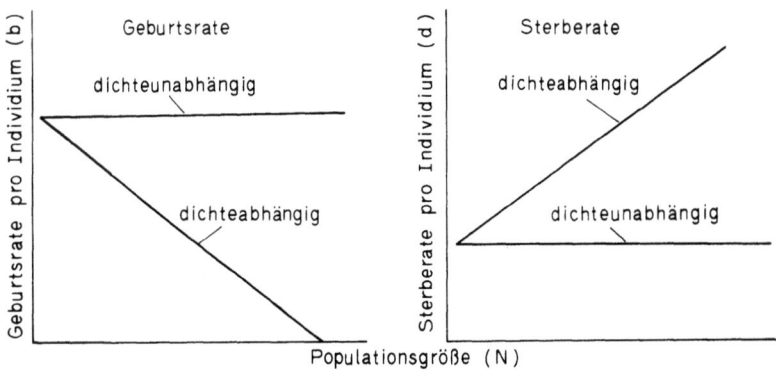

Abb. 3-2. *Dichteabhängigkeit* und Dichteunabhängigkeit der individuellen Geburts- (links) und Sterberaten (rechts)

die Population zum Aussterben verdammt ist. Am leichtesten läßt sich eine solche Begrenzung (wir nennen sie M) ausdrücken, wenn man sie als Teil eines neuen Ausdrucks unserer logistischen Gleichung hinzufügt; wir haben dann

$$\frac{dN}{dt} = rN\left(\frac{K-N}{K}\right)\left(\frac{N-M}{N}\right).$$

In dieser Gleichung wird die Wachstumsrate negativ und führt somit zur Ausmerzung der Population, wenn N kleiner ist als M; umgekehrt ist sie positiv für N-Werte, die größer sind als M. Der neue Schwellenwert $(N-M)/N$ ist von großer Bedeutung, wenn N in der Nähe der „Überlebensschwelle" M liegt; er ist jedoch nicht so wichtig, solange die Population den Wert M um ein Vielfaches übertrifft.

Warum sollte sich eine Population so regulieren, daß sich eine logistische Kurve ergibt? In ökologischen Zeitschriften finden sich viele Arbeiten, die zeigen, daß bei einem Anstieg der Populationsdichte, gemessen als Individuenzahl pro Raumeinheit, die Geburtsrate (b) häufig unter b_0 sinkt und die Sterberate (d) über d_0 hinaus steigt. Sind schließlich b und d gleich, so ist die Wachstumsrate der Population dN/dt gemäß Definition gleich null. Diese Veränderung von entweder b oder d oder beiden wird als *Dichteabhängigkeit* bezeichnet. Es ist möglich, daß b und d bei niedrigen N-Werten nicht auf Veränderungen von N reagieren; wir bezeichnen dies als „*Dichteunabhängigkeit*" (siehe Abb. 3-2). Doch kann weder b noch d bei allen denkbaren N-Werten dichteunabhängig sein. Bei extrem hohen Werten werden sich beide Parameter unweigerlich zum Nachteil – von der Art aus betrachtet – verändern, b nach unten und d

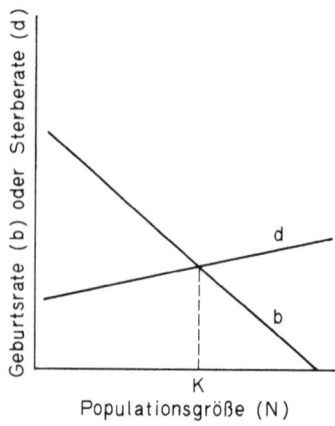

Abb. 3-3. *Populationen stabilisieren* sich (bei $N=K$), wenn die individuelle Geburtsrate (b) oder die individuelle Sterberate (d) oder beide in ausreichendem Maße auf eine Veränderung der Populationsdichte reagieren, so daß beide Raten den gleichen Wert erreichen

nach oben. Wird d dann schließlich gleich b, dann stabilisiert sich die Population; sie hat ihr Gleichgewicht K erreicht (Abb. 3-3).

Aufgabe: Aus den Grundaussagen über die Dichteabhängigkeit von b und d soll die logistische Wachstumsgleichung abgeleitet werden.

Antwort: Dieses Problem haben wir bereits in Kapitel I gelöst, als wir uns mit der Aufstellung eines Modells beschäftigt haben. Sollte der Leser diese Übung nicht mehr gegenwärtig haben und die Aufgabe nicht allein lösen können, so wird er gut daran tun, sich die entsprechenden Seiten von Kapitel I noch einmal anzusehen.

Ökologen unterscheiden häufig zwischen *dichteabhängigen* und *dichteunabhängigen Einflüssen* der Umwelt. Ein *dichteabhängiger Einfluß* verändert die Geburts- oder die Sterberate als eine Funktion der Populationsdichte und somit als eine Funktion der Populationsgröße N. Zu den Beispielen für Faktoren mit dichteabhängiger Wirkung gehören die Konkurrenz unter Mitgliedern einer Population oder zwischen ihnen und Angehörigen anderer Arten. Ebenso gehören dazu die Veränderung der chemischen Umweltbedingungen durch Sekretion und Metabolite, Mangel an Nahrung, Anstieg (oder Nachlassen) der Angriffe von Parasiten und Räubern, Auswanderung und andere Faktoren. Gemäß Definition verändern diese Faktoren in allen Fällen ihre Wirksamkeit mit dem Anwachsen einer Population. Gelegentlich haben sie einen günstigen Einfluß. Zum Beispiel kann eine geringfügige Zunahme der Dichte dazu führen, daß die Population als Ganzes leichter Nahrung findet, und auf diesem Wege wird die Zuwachsrate beschleunigt. In der Mehrzahl der Fälle jedoch sind die Einflüsse negativ. Sie tendieren dazu, die individuellen Geburtsraten zu senken und die individuellen Sterberaten zu steigern. Langfristige Untersuchungen an natürlichen Populationen haben erwiesen, daß dichteabhängige Faktoren in den meisten Fällen eine entscheidende Rolle bei der Regulierung der Populationsgröße spielen. Welcher spezielle Faktor – oder welche Kombination von Faktoren – jeweils zur Anwendung kommt, variiert von Art zu Art. In der einen mag es die Sterblichkeit unter der Einwirkung von Parasiten sein, in der anderen die Nahrungsknappheit zu bestimmten Jahreszeiten und in einer dritten die steigende Tendenz auszuwandern und so weiter; und wie schon erwähnt können diese Faktoren einzeln oder zusammen auftreten (siehe Tabelle 3-1). Zudem zeigen diese Faktoren eine *gegenseitige Kompensation*, das heißt, verändern sich die Umweltbedingungen so, daß die Population von dem Druck eines zuerst vorherrschenden Faktors befreit wird, so wächst die Population dann an, bis sie ein Niveau erreicht, an dem ein zweiter Faktor wirksam wird. Entfernt man z. B. die Räuber, die unter normalen Umständen eine Population von Pflanzenfressern im Gleichgewicht halten, so kann die Population bis zu einem Punkt wachsen, an dem die Nahrung bedenklich knapp wird. Wird der Population nun mehr als ausreichend Nahrung geboten, so kann sie noch weiter zunehmen – bis intensive Übervölkerung eine Epidemie auslöst.

Einige Vorgänge in der Umwelt verändern Geburts- und Sterberaten, ohne daß ihre Wirksamkeit mit der Populationsdichte in Zusammenhang steht; diese bezeichnet man als sogenannte *dichteunabhängige Einflüsse*. Stellen wir uns eine Insel vor, deren südlicher Teil infolge eines Vulkanausbruchs plötzlich mit Asche bedeckt wird. Alle Organismen auf diesem Teil der Insel, grob genommen 50% jeder Population, werden zerstört. Zweifellos war der Vulkanausbruch ein Faktor von großem Einfluß auf die Populationsgröße, doch war seine Wirksamkeit völlig unabhängig von der Dichte. Er reduzierte alle vorhandenen Populationen um 50%, gleichgültig, wie groß ihre jeweilige Dichte zum Zeitpunkt der Eruption war.

Eine wichtige theoretische Überlegung besagt, daß Populationen, deren Wachstum ausschließlich von dichteunabhängigen Faktoren bestimmt wird, wahrscheinlich relativ schnell aussterben werden. Der Grund dafür ist, daß die Populationsgröße beliebig schwanken wird, solange keine dichteabhängigen Faktoren wirksam sind, die die Populationsgröße im-

Tabelle 3-1. Auftreten und Art dichteabhängiger Kontrollmechanismen in dem Populationswachstum von acht gut untersuchten Insektenarten (Nach L.R. CLARK, P.W. GEIER, R.D. HUGHES, R.F. MORRIS. *The Ecology of Insect Populations in Theory and Practice*, Methuen, 1967)

Art	Auftreten von dichteabhängigen Kontrollmechanismen	Art der Kontrollmechanismen
Wickler (*Cydia pomonella*) in Australien eingeführte Population	sehr häufig	Konkurrenz der Larven um Futterplätze und der älteren Larven um Kokonplätze
Heuschrecke (*Phaulacridium vittatum*)	sehr häufig	Hauptsächlich Abwanderung sowie (unter extremen Bedingungen) Konkurrenz um Nahrung
Blattwespe (*Perga affinis*)	sehr häufig; gelegentlich auch Witterungseinfluß	In einigen Gebieten Abwanderung verbunden mit Konkurrenz; in anderen Gegenden Parasitismus durch andere Insekten
Kohlblattlaus (*Brevicoryne brassicae*)	sehr häufig	Hauptsächlich Abwanderungen (besonderer geflügelter Formen); ebenso verringerte Fruchtbarkeit
Schafsschmeißfliege (*Lucilia cuprina*) in Laborpopulationen	sehr häufig	Nahrungskonkurrenz der ausgewachsenen Tiere mit dem Ergebnis reduzierter Fruchtbarkeit
Lärchenwickler (*Zeiraphera griseana*)	sehr häufig	Hymenoptere Parasiten und Viren, die abwechselnd überwiegen
Blattwespe (*Diprion hercyniae*) in Kanada eingeführte Population	regellos; in diesen unstabilen Populationen spielen Witterungseinflüsse eine wichtige Rolle	Krankheiten und Insektenparasitismus
Blattfloh (*Cardiaspina albitextura*)	sehr häufig	Bei geringer Dichte Raub durch Vögel und Insektenparasiten; bei hohen Dichten Nahrungskonkurrenz

mer auf K hinlenken. So kann eine solche Population eine Zeitlang eine beträchtliche Größe haben, doch wird sie schließlich auch wieder absinken. Und wenn sie über keinerlei dichteabhängige Kontrollmechanismen verfügt, die ihr Wachstum bei niedrigem Populationsstand stark beschleunigen, so wird sie letzten Endes irgendwann bei null ankommen. Die dichteunabhängige Population ist einem Spieler vergleichbar, der gegen einen unendlich mächtigeren Gegner spielt, in diesem Fall die Umwelt. Die Umwelt selbst kann niemals „besiegt" werden, wenigstens nicht auf eine Weise, die der Population dauernden Fortbestand sichert. Doch eine Population, die sich ja aus einer bestimmten Anzahl von Organismen zusammensetzt, wird letztlich irgendwann besiegt, d.h. ausgemerzt werden. Daher nehmen die Biologen an, daß die Mehrzahl der existierenden Populationen in irgendeiner Form dichteabhängigen Kontrollmechanismen unterliegen, die sie vor dem Aussterben bewahren, und das empirische Beweismaterial (siehe Tabelle 3-1) scheint diese Meinung zu bestätigen.

Optimaler Ertrag. Nach einem zweiten Blick auf die logistische Wachstumskurve in Abb. 3-1 gelangen wir zu einem weiteren brauchbaren Begriff der Populationsbiologie, dem sogenannten *optimalen Ertrag* oder, präziser, dem *maximalen aufrechterhaltbaren Ertrag*. Der optimale Ertrag ist synonym mit der maximalen Wachstumsrate einer Population unter den Bedingungen der speziellen Umwelt, in der sie lebt, denn diese Wachstumsrate ist gleichzeitig ein Ausdruck für die maximale Rate, mit der der Population Organismen entnommen werden können, ohne daß die Populationsgröße reduziert wird – daher der Ausdruck „Ertrag". Denken wir uns eine Fischpopulation in einem See. Stellen wir uns vor, wir wären ein Angler oder ein natürlicher Räuber, z.B. ein Fischotter, wie groß wäre dann die Population, die die größte Menge Fisch für unseren täglichen Bedarf produzierte? In der richtigen Beantwortung dieser Frage liegt für die Ökologen das Problem des optimalen Ertrags. Ein Blick auf Abb. 3-1 sollte uns davon überzeugen, daß es nicht einfach zu lösen ist. Im Punkt K, an dem die größtmögliche Anzahl von Fischen im See ist, findet kein Populationswachstum statt und gibt es daher auch keinen Ertrag. Wollten wir an diesem Punkt einige Fische herausfangen, so würden wir damit die Populationsgröße vermindern. Daher muß eine unterhalb von K liegende Populationsgröße den maximalen Ertrag ergeben. Verläuft die Kurve rein logistisch, so wird dieser Punkt bei $K/2$, d.h. bei der Hälfte der Sättigungsgröße K liegen. Sehen wir uns Abb. 3-1 noch einmal an, so stellen wir fest, daß die Neigung der Wachstumskurve bei $N=K/2$ am steilsten ist, d.h. die Zuwachsrate ist dort am größten.

Aufgabe: Es soll analytisch nachgewiesen werden, daß der optimale Ertrag im Falle eines rein logistischen Wachstums bei $N=K/2$ eintritt. (Hierzu ist die Kenntnis einfacher Differentialrechnung erforderlich.)

Antwort: Um die maximale Wachstumsrate zu erhalten, differenzieren wir die Gleichung für die Wachstumsrate und setzen sie gleich null. Wir haben das Populationswachstum schon weiter oben durch die logistische Form erfaßt als

$$\frac{dN}{dt} = rN\left(\frac{K-N}{K}\right) = rN\left(1-\frac{N}{K}\right).$$

Die Ableitung dieser Gleichung bezüglich N ist

$$\frac{d}{dN}\left(\frac{dN}{dt}\right) = r\left(1-\frac{2N}{K}\right).$$

Setzen wir diese Ableitung gleich null, so erhalten wir die Populationsgröße mit dem optimalen Ertrag

$$N = \frac{K}{2}.$$

Natürlich folgen nur wenige Populationen dem einfachen logistischen Wachstum, besonders wenn Räuber die Population bedrohen. So einfach ist die Ökologie leider nicht! Zu den Komplikationen, die unser Modell stören, gehört z. B. die Tatsache, daß Räuber (inklusive Fischer) selten Organismen aller Altersstufen mit gleicher Wahrscheinlichkeit töten. Je nach Größe und Spezialisierung der Räuberart werden entweder große, mittlere oder kleine Individuen als Beute bevorzugt. Diese ungleiche Sterblichkeit beeinflußt die Altersverteilung der Population, die sich ihrerseits wieder auf r, die spezifische Zuwachsrate der Population, auswirkt. Das heißt, wenn die Ökologen das Problem des optimalen Ertrags lösen wollen, so müssen sie auch eine demographische Analyse durchführen. Mit diesem Thema werden wir uns etwas später noch zu befassen haben.

r- und *K*-Selektion

Die Parameter r und K einer Population in einer gegebenen Umwelt werden letztlich durch die genetische Zusammensetzung der Population bestimmt. Sie unterliegen folglich der Evolution; erst in jüngster Zeit haben die Biologen damit begonnen, diese Zusammenhänge sorgfältig zu untersuchen. Stellen wir uns noch einmal die logistische Wachstumskurve (Abb. 3-1) vor. Nehmen wir an, eine Art sei an kurzlebige Habitate angepaßt, deren Entstehung sich nicht vorhersagen läßt, wie z. B. Grasflächen auf Kahlschlägen oder die schlammigen Oberflächen neu entstandener Flußbänke. Diese Art wäre dann am erfolgreichsten, wenn sie die folgenden drei Dinge gut könnte: (1) das Habitat schnell entdecken, (2) sich schnell vermehren, um die vorhandenen Mittel auszuschöpfen, bevor andere, konkurrierende Arten das Habitat besetzen können und (3) für die Verbreitung sorgen, sobald das alte Habitat ungünstig zu werden beginnt und neue Habitate aufsuchen. Solch eine Art, die aufgrund eines hohen r-Wertes vorübergehende Bedingungen ausnutzen kann, kann man als einen „r-Strategen" bezeichnen. Durch die r-Strategie können die Habitate voll genützt werden, die ihrer vorübergehenden Natur wegen die Mehrzahl der Populationen meist nicht über den unteren, ansteigenden Teil der logistischen Wachstumskurve hinauswachsen lassen. Unter derartig extremen Bedingungen würden die Genotypen in der Population mit einem hohen r-Wert durchweg begünstigt werden. Diejenigen Genotypen, die anstelle des kostbaren hohen r-Wertes die Fähigkeit zur Konkurrenz in stark bevölkerten Arealen besitzen (wo $N=K$ oder nahe K), genießen einen geringeren Vorteil. Diesen Evolutionsprozeß nennt man r-Selektion.

Im Gegensatz dazu ist ein „K-Stratege" eine Art, die in einem beständigeren, langlebigen Habitat lebt, wie etwa in einem alten, unveränderlichen Wald oder im Innern eines Korallenriffs oder einer Höhle. Die dortigen Populationen und die Populationen anderer Arten, mit denen sie in Wechselbeziehungen stehen, befinden sich infolgedessen auf oder nahe ihrem Sättigungsniveau K. Es ist nicht länger mehr besonders vorteilhaft, einen hohen r-Wert zu besitzen. Wichtiger ist es für die Genotypen, eine hohe Konkurrenzfähigkeit weiterzuvererben, besonders die Fähigkeit, ein Areal zu besetzen und zu halten und die in diesem Gebiet erzeugte Energie zu nutzen. Bei höheren Pflanzen kann diese K-Selektion zu größeren Individuen führen, z.B. zu Sträuchern oder Bäumen, die die Fähigkeit haben, die Wurzelsysteme in der Nähe keimender anderer Pflanzenarten zu verdrängen und ihnen das Sonnenlicht zu verwehren. Bei Tieren könnte die K-Selektion zu einer stärkeren Spezialisierung führen (um die Störung durch Konkurrenten auszuschließen) oder zu einer verstärkten Territorienbildung und Territorienverteidigung gegenüber Angehörigen der eigenen Art. Bei sonst gleichen Voraussetzungen werden diejenigen Genotypen der K-Strategen bevorzugt werden, die in der Lage sind, im Stadium des Gleichgewichts die größtmögliche Populationsdichte aufrechtzuerhalten. Genotypen, die bei langanhaltender, hoher Bevölkerungsdichte nicht so gut überleben und sich vermehren können, werden allmählich eliminiert.

Natürlich schließen sich die beiden Selektionsformen nicht gegenseitig aus. In allen Fällen unterliegt r zumindest einer geringen evolutionären Veränderung nach oben oder nach unten, während es wenige Arten gibt, die so permanent daran gehindert werden, sich K anzunähern, daß sie nicht bis zu einem gewissen Grad der K-Selektion unterliegen würden. Doch muß in vielen Fällen, in denen eine extreme K-Selektion auftritt, die zu einer stabilen Population langlebiger Individuen führt, eine evolutionäre Abnahme von r die Folge sein. Für Genotypen oder Arten, die in einem stabilen Habitat leben, bringt ein starker Einsatz für die Vermehrung keinen Selektionsvorteil, wenn dies gleichzeitig die Überlebenschance des Individuums vermindert. Andererseits wird es sich in der Tat lohnen, einen Großteil der Kraft in die Vermehrung zu investieren, selbst auf Kosten des eigenen Lebens, wenn die vorübergehende Existenz leerer Habitate garantiert, daß zumindest ein Teil der Nachkommenschaft die Bedingungen findet, die zum Überleben und zur Fortpflanzung nötig sind. Die Mehrzahl der Nachkommen von r-Strategen wird wahrscheinlich bei der Ausbreitung zugrunde gehen, doch ein Bruchteil wird mit Gewißheit irgendwo ein freies Habitat finden und dort den Lebenszyklus von neuem beginnen.

Demographie

Detaillierte Angaben über Geburt, Wachstum, Fortpflanzung und Tod der Individuen in einer Population sind die wichtigsten Grundlagen für eine Untersuchung zahlreicher Aspekte der Ökologie und des Verhaltens. Nehmen wir uns einmal das Thema Populationswachstum vor. Bisher haben wir stillschweigend vorausgesetzt, daß eine kontinuierliche Fortpflanzung stattfindet und daß alle Altersstufen sich vermehren, oder zumindest, daß ein gleichbleibender Prozentsatz der verschiedenen Lebensstadien zur Vermehrung beiträgt. Mit anderen Worten, wir haben bisher so getan, als ob es keine Demographie gäbe. Aber selbstverständlich ist sie von entscheidender Wichtigkeit. Wir wollen uns zwei extreme Beispiele vorstellen, die dies verdeutlichen sollen. Nehmen wir an, alle N Individuen einer Population wären zu jung zur Fortpflanzung. Eine Zeitlang wäre dann $dN/dt = 0$. Erst später, nach einigen Generationen ungehemmten Wachstums, kann die Wachstumsrate annähernd mit $dN/dt = rN$ angegeben werden. Stellen wir uns vor, in einer zweiten Population wären alle N Individuen zu alt, um sich zu vermehren. Selbstverständlich ist dN/dt dann negativ, es wird immer negativ sein, und die Population wird in der Tat bald aussterben. Um uns eine genaue Vorstellung vom Wachstum einer Population machen zu können, müssen wir wissen, wie lange die Lebensdauer der individuellen Organismen ist, in welchem Alter sie sich vermehren und wie hoch die Reproduktionsrate liegt.

Überlebens- und Fertilitätskurven

Die wichtigsten demographischen Informationen lassen sich in zwei Ausdrücken zusammenfassen: der *Überlebenskurve*, die für die bestimmten Altersgruppen die Anzahl der überlebenden Individuen angibt, und die *Fertilitätskurve*, aus der die durchschnittliche Anzahl der von jedem weiblichen Individuum in jedem Alter erzeugten Töchter hervorgeht. Betrachten wir zunächst die Überlebenskurve. Das Alter bezeichnen wir mit x. Die Anzahl der bis zu einem beliebigen Alter x überlebenden Individuen drücken wir durch den Anteil oder die Frequenz (l_x) der Organismen aus, die von ihrer Geburt bis zum Alter x überleben, wobei die Frequenz von 1,0 bis hinunter zu 0,0 reicht. Wenn wir also die Zeit in Jahren messen und feststellen, daß nur 50% der Angehörigen einer bestimmten Population bis zu einem Alter von 2 Jahren überleben, dann ist $l_1 = 0,5$. Wenn nur 10 Prozent bis zu dem Alter von 2 Jahren überleben, dann ist $l_2 = 0,2$ und so weiter. Abb. 3-4 zeigt drei Grundformen solcher Überlebenskurven.

Kurve I gilt in grober Vereinfachung für die menschliche Bevölkerung in fortgeschrittenen Zivilisationen ebenso wie für Pflanzen- und Tierpopulationen, die sorgfältig in Gärten und Labors gezogen wurden, wenn die Sterblichkeit durch Zufallsereignisse auf ein Minimum reduziert ist. Die meisten Individuen dieser Populationen sterben an Altersschwäche, wenn sie ein relativ hohes Alter erreicht haben. In der Kurve II ist die Wahrscheinlichkeit des Todes in jedem Alter ungefähr gleich groß. Das heißt, zu jeder Zeit wird ein bestimmter Teil jeder Altersgruppe elimi-

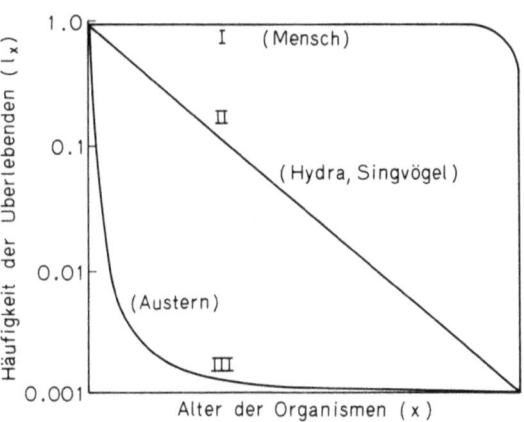

Abb. 3-4. *Drei Grundformen* von Überlebenskurven. Der Ordinate liegt der logarithmische Maßstab zugrunde

niert – durch Räuber, Unfälle oder was es sonst sein mag. Überlebenskurve II nimmt daher die Form einer exponentiellen Abnahme an. Tragen wir die Kurve in einem halblogarithmischen Maßstab auf (l_x in logarithmischem, x in normalem Maßstab), so verläuft die Kurve als gerade Linie. Überlebenstyp III kommt in der Natur am häufigsten vor. Er tritt auf, wenn sehr viele Nachkommen, normalerweise als Sporen, Samen oder Eier, produziert und in der Umgebung verteilt werden. Die große Mehrheit geht sehr schnell zugrunde; mit anderen Worten, die Überlebenskurve sinkt in einem frühen Alter sehr stark ab. Diejenigen Organismen, die schließlich überleben, indem sie Wurzeln schlagen oder einen sicheren Platz finden, um eine Kolonie zu bilden, haben eine gute Chance, das Fortpflanzungsalter zu erreichen. Extreme r-Strategen neigen zu Kurven vom Typ III, wogegen extreme K-Strategen eher Kurven vom Typ I aufweisen werden. Wer von den Lesern sich die Mühe machen möchte, kann diese Feststellung noch einmal durchdenken und begründen.

Die Fertilitätskurve beruht auf den altersspezifischen Geburtsraten (m_x). Für jedes Lebensalter wird zunächst die durchschnittliche Anzahl der weiblichen Nachkommen jedes weiblichen Individuums festgestellt. Um zu sehen, wie solch eine Kurve aufgestellt wird, betrachten wir das folgende fiktive Beispiel: bei seiner Geburt hat ein weibliches Individuum noch keine eigenen Nachkommen ($m_0 = 0$); während des ersten Lebensjahres finden auch noch keine Geburten statt ($m_1 = 0$); während des zweiten Lebensjahres erzeugt das Weibchen durchschnittlich zwei weibliche Nachkommen ($m_2 = 2$); während des dritten Lebensjahres durchschnittlich bis zu 4,5 weibliche Nachkommen ($m_3 = 4,5$) und so weiter während seines ganzen Lebens. Diese Aufstellung läßt sich noch genauer mit Hilfe einer kontinuierlichen Fertilitätskurve aufzeigen, ein Beispiel ist in Abb. 3-5 wiedergegeben.

Die Nettoreproduktionsrate. Die Nettoreproduktionsrate mit dem Symbol R_0 ist die durchschnittliche Anzahl weiblicher Nachkommen, die jedes weibliche Individuum im Verlauf seines gesamten Lebens zur Welt bringt. Sie ist eine brauchbare Zahl zur Berechnung der Wachstumsraten von Populationen. Bei Arten mit getrennten, sich nicht überschneidenden Generationen gibt R_0 den genauen Betrag wieder, um den die Population in jeder Generation zunimmt. Man muß sich vor Augen halten, daß hier nicht einfach die Reproduktionskapazität der Weibchen gemeint ist. Vielmehr geht die Überlebenschance der Weibchen, also ihre Sterblichkeit, mit in die Berechnung ein. Deshalb der Ausdruck *Nettoreproduktionsrate*. Um die Nettoreproduktionsrate zu berechnen, muß man jeweils den Teil weiblicher Individuen, der seit der Geburt in

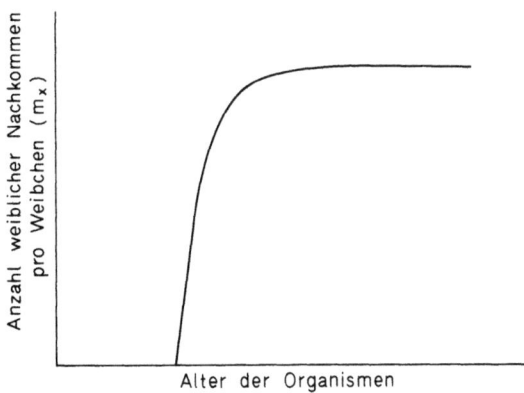

Abb. 3-5. *Fruchtbarkeitskurve* für Kopfläuse. Dieses Beispiel ist typisch für Organismen, die ihre sexuelle Reife in einem bestimmten Alter erreichen und dann bis zu ihrem Tod fruchtbar bleiben

jedem Alter überlebt (l_x), mit der durchschnittlichen Anzahl weiblicher Nachkommen pro Weibchen dieses Alters (m_x) multiplizieren und dann diese $l_x m_x$-Werte für die gesamte Lebenszeit addieren, mathematisch ausgedrückt:

$$R_0 = \sum_{x=0}^{\infty} l_x m_x.$$

Dies bedeutet, daß wir die Werte für $l_x m_x$ in jedem Alter x für alle Alter von der Geburt an ($x=0$) bis unendlich (∞) addieren ($\sum$). Natürlich brauchen wir die $l_x m_x$-Werte nicht bis $x=\infty$ zusammenzuzählen; wenn der Organismus seinen höchsten x-Wert, also sein Höchstalter, erreicht hat, dann sind alle späteren $l_x m_x$-Werte gleich null, und wir können aufhören zu addieren. Wollen wir genauer wissen, wie R_0 berechnet wird, so denken wir uns wieder ein einfaches Beispiel. Bei der Geburt überleben alle weiblichen Individuen ($l_0 = 1$), haben aber natürlich noch keine Nachkommen ($m_0 = 0$); daher ist $l_0 m_0 = 1{,}0 \times 0 = 0$. Am Ende des ersten Jahres überleben noch 50% der Weibchen ($l_1 = 0{,}5$), und jedes hat im Durchschnitt 2 weibliche Nachkommen ($m_1 = 2$); daher ist $l_1 m_1 = 0{,}5 \times 2 = 1{,}0$. Nach dem zweiten Jahr leben noch 20 Prozent der ursprünglich vorhandenen Weibchen ($l_2 = 0{,}2$), und jedes hat zu diesem Zeitpunkt durchschnittlich 4 weibliche Nachkommen ($m_2 = 4$); daher $l_2 m_2 = 0{,}2 \times 4 = 0{,}8$. Im dritten Jahr lebt keins der Weibchen mehr ($l_3 = 0$, $l_3 m_3 = 0$). Die Netto-Reproduktionsrate ist die Summe aller dieser gerade errechneten $l_x m_x$-Werte:

$$R_0 = \sum_{x=0}^{\infty} l_x m_x$$

$= l_x m_x$ bei Geburt ($x=0$)	$l_x m_x$ 1. Jahr ($x=1$)	$l_x m_x$ 2. Jahr ($x=2$)	$l_x m_x$ 3. Jahr ($x=3$)
0	+ 1,0	+ 0,8	+ 0

$= 1{,}8$

Aufgabe: In einer Mäusepopulation überleben 50% der Weibchen jedes Jahr bis zur Fortpflanzungszeit. Sie bringen im Durchschnitt 6 Nachkommen zur Welt, und zwar gleich viele männliche wie weibliche. Dies wiederholt sich bis zum Ende der dritten Vermehrungsperiode, dann sterben die Überlebenden aus Altersgründen. Es ist die Nettoreproduktionsrate R_0 zu berechnen.

Antwort: Die zur Verfügung stehenden Daten erlauben uns die Aufstellung der folgenden $l_x m_x$-Tabelle, anhand deren R_0 berechnet wird:

x (Jahre)	l_x	m_x	$l_x m_x$
0	1,0	0	0
1	0,5	3	1,5
2	0,25	3	0,75
3	0,125	3	0,375
4	0	0	0
			$R_0 = 2{,}625$

Berechnung des r-Wertes aus den Lebensdaten. Wir wollen jetzt die Methode erläutern, mit der die spezifische Vermehrungsrate r sehr genau aus den Überlebens- und Fruchtbarkeitsdaten berechnet werden kann. Zunächst wollen wir die Gleichung aufstellen, die leicht verständlich und unmittelbar auf die Praxis anwendbar ist. Dann werden wir die Ableitung der Gleichung beschreiben, was etwas schwieriger, aber für ein lückenloses Verständnis der Grundlagen der Populationsökologie unumgänglich ist. Die Gleichung lautet wie folgt:

$$\sum_{x=0}^{\infty} l_x m_x e^{-rx} = 1.$$

Wir erinnern uns, daß e die Basis des natürlichen Logarithmus ist; ihr Wert beträgt 2,71828 und ihre verschiedenen Funktionen können in mathematischen Tabellen nachgeschlagen werden. Die Werte l_x und m_x für jedes Alter x werden empirisch ermittelt, d. h. indem wir den Lebensablauf der Individuen selbst untersuchen. So bleibt nur eine unbekannte Größe übrig, und zwar r, an deren Lösung wir jetzt gehen können. Eine der einfachsten Methoden, r zu finden, liegt darin, versuchsweise beliebige Werte für r einzusetzen, bis einer dabei ist, der die linke Seite der Gleichung gleich 1,0 setzt gemäß der obigen Gleichung. In theoretischen Arbeiten findet man häufig die entsprechende Integralgleichung (die übrigens von dem im 18. Jahrhundert lebenden Mathematiker LEONARD EULER abgeleitet und von A. J. LOTKA erstmals in der Ökologie benutzt wurde):

$$\int_0^\infty l_x m_x e^{-rx} dx = 1.$$

Dieser Ausdruck besagt dasselbe wie die obige Summengleichung, nur ist er präziser. Statt die Zeitintervalle (x) in großen Einheiten, wie Tagen oder Jahren, einzusetzen, werden die Intervalle unendlich klein gemacht (d. h. dx). Der Wert r, den wir erhalten, wird daher sehr genau sein. In der Praxis jedoch würde man normalerweise die erste, d. h. die Summengleichung, anwenden.

Die Euler-Gleichung kann wie folgt abgeleitet werden. Zunächst setzen wir voraus, daß alle Organismen, die geboren wurden, zum Zeitpunkt ihrer Geburt lebendig sind, das bedeutet, $l_0 = 1,0$. Wir stellen weiterhin fest, daß die Population exponentiell wächst. Sie könnte auch stagnieren oder exponentiell abnehmen. In allen drei Fällen können die Veränderungen der Populationsgröße mit Hilfe der elementaren Exponentialgleichung beschrieben werden, wobei r entweder größer als null, gleich null oder kleiner als null ist. Wir setzen außerdem noch als selbstverständlich voraus, daß die Neugeborenen von älteren Individuen wahrscheinlich verschiedenen Alters herstammen. Betrachten wir nun die Abstammung der neugeborenen Organismen zu einem Zeitpunkt, den wir t_0 nennen. Zur Erleichterung unserer Überlegungen nehmen wir an, daß dieser Zeitpunkt gerade jetzt sei. Die Eltern, die vor einer gewissen Zeiteinheit, z. B. vor genau einem Jahr, geboren wurden, haben bis jetzt m_1 weibliche Nachkommen pro Weibchen hervorgebracht. Diese jetzt lebenden einjährigen Eltern stellen einen Teil l_1 der vor einem Jahr geborenen ursprünglichen Gruppe dar. Daher trägt jedes vor einem Jahr geborene Weibchen zum Zeitpunkt t_0 im Durchschnitt $l_1 m_1$ weibliche Nachkommen zur Population bei. Bedenken wir aber, daß die vor einem

Tabelle 3-2. Ableitung der Euler-Gleichung für das Populationswachstum mit altersspezifischen Sterbe- und Geburtenraten[a]

Zeit (x) vor t_o	Anzahl der zu dieser Zeit geborenen Individuen	Anzahl der bis zum Zeitpunkt t_o überlebenden Individuen	Anzahl der bis zum Zeitpunkt t_o von den überlebenden Individuen geborenen Nachkommen (gemäß Definition ist die Summe aller dieser Nachkommen $l_o = 1$)
$x=0$	$l_o = 1$	$l_o = 1$	0
$x=1$	$e^{-r \cdot 1} l_o = e^{-r}$	$l_1 e^{-r}$	$l_1 m_1 e^{-r}$
$x=2$	$e^{-r \cdot 2} l_o = e^{-2r}$	$l_2 e^{-2r}$	$l_2 m_2 e^{-2r}$
$x=3$	$e^{-r \cdot 3} l_o = e^{-3r}$	$l_3 e^{-3r}$	$l_3 m_3 e^{-3r}$
⋮	⋮	⋮	⋮
			Summe: $\sum_{x=0}^{\infty} l_x m_x e^{-rx} = l_o = 1$ Oder, wenn die Zeitintervalle unendlich klein gemacht werden $\int_0^{\infty} l_x m_x e^{-rx} dx = l_o = 1$

[a]) Wir beginnen zu einem gegebenen Zeitpunkt (t_o) und nehmen an, daß alle Nachkommen zum Zeitpunkt ihrer Geburt noch lebendig sind ($l=1$).

Jahr geborene Population nicht unbedingt von der gleichen Größe gewesen sein muß wie die zum Zeitpunkt t_o geborene Population. Wie groß war sie? Die gegenwärtige Anzahl von Neugeborenen l_o ist ebenso groß wie die Anzahl der Neugeborenen vor einem Jahr (l_1), multipliziert mit e^{rt}. Da $t=1$ Jahr, gilt

$$l_o = e^{rt} l_1 = e^r l_1.$$

Um l_1 zu erhalten, dividieren wir beide Seiten durch e^r und erhalten

$$l_1 = e^{-r} l_o.$$

Der Beitrag pro Weibchen der vor zwei Jahren geborenen Individuen zu der im Zeitpunkt t_o bestehenden Nachkommenzahl ist analog zu unseren obigen Überlegungen $l_2 m_2$. Wir berechnen l_2 auf dieselbe Art wie l_1, nur daß jetzt $t=2$ ist:

$$l_o = e^{rt} l_2 = e^{2r} l_2,$$
$$l_2 = e^{-2r} l_o.$$

Die Gesamtzahl der im Zeitpunkt t_0 geborenen Nachkommen ist nichts anderes als die Zahl der Nachkommen der vor einem Jahr geborenen Individuen plus die Zahl der Nachkommen der vor zwei Jahren geborenen Individuen plus die Zahl der Nachkommen der vor drei Jahren geborenen Individuen und so weiter für alle Altersgruppen. Mit anderen Worten
$$l_0 = 1 = l_1 m_1 e^{-r} + l_2 m_2 e^{-2r} + l_3 m_3 e^{-3r} + \ldots$$
Oder, kurz:
$$\sum_{x=0}^{\infty} l_x m_x e^{-rx} = 1.$$

Diese Ableitung ist in leicht modifizierter Form in Tabelle 3-2 dargestellt, damit sie noch klarer wird.

Aufgabe: Die Berechnung von r aus Tabellen tatsächlicher Lebensdaten ist in den meisten Fällen eine äußerst mühsame Angelegenheit. Wir werden dem Leser hier ein sehr einfaches, erdachtes Beispiel geben, damit er überprüfen kann, ob er das Verfahren wirklich verstanden hat. Die Weibchen einer Insektenart leben nur ein Jahr, nach dessen Ablauf sie durchschnittlich 4 weibliche Nachkommen haben. Doch von diesen überleben nur 50% bis zur Fortpflanzungsreife. Es ist r zu berechnen.

Antwort: Wir brauchen in der $l_x m_x$-Tabelle nur eine einzige Zeile zu betrachten. In diesem Fall ist $l_1 = 0{,}5$ und $m_1 = 4$.
$$l_1 m_1 e^{-r} = 1, \qquad 2 e^{-r} = 1.$$
Wir schlagen $e^{-r} = 0{,}5$ in einer Tabelle für Exponentialfunktionen nach und finden $r = 0{,}69$. (Wir dürfen aber nicht vergessen, daß dieser r-Wert nur dann gilt, wenn wir die Zeit in Jahren messen.)

Aufgabe: Zeige die Beziehung zwischen der Eulerschen Wachstumsgleichung und der Formel für die Nettoreproduktionsrate für den Sonderfall, daß eine Population weder zu- noch abnimmt.

Antwort: In einer gleichbleibenden Population ist definitionsgemäß die Nettoreproduktionsrate R_0 gleich 1; ferner gilt $r = 0$. Die Eulergleichung lautet in diesem Falle also
$$\sum_{x=0}^{\infty} l_x m_x e^{-0 \cdot x} = 1.$$

Das läßt sich reduzieren auf

$$\sum_{x=0}^{\infty} l_x m_x = 1.$$

Die linke Seite dieser Formel entspricht der Formel für die Nettoreproduktionsrate. Wir bekommen also, wie erwartet, $R_0 = 1$.

Der Reproduktionswert. Wieviel ist ein Individuum wert, ausgedrückt in der Anzahl der Nachkommen, die es zu der nächsten Generation beisteuert? Stellen wir die Frage anders: Nehmen wir ein Individuum, und zwar ein Weibchen, aus der Population heraus, wie viel weniger Individuen wird es dann in der nächsten Generation geben? Die Antwort hängt stark vom Alter des Individuums ab. Eliminieren wir ein altes Tier, das seine reproduktive Phase schon hinter sich hat, so wird der Verlust in der nächsten Generation nicht fühlbar sein, es sei denn, das Tier wäre ein wichtiges Mitglied einer sozialen Gruppe. Entfernen wir andererseits ein junges weibliches Individuum zu einem Zeitpunkt, an dem es gerade fortpflanzungsreif wird, so sind die Folgen für die nächste Generation wahrscheinlich beträchtlich. Das Standardmaß des Beitrages eines Individuums zur jeweils nächsten Generation wird als *Reproduktionswert* bezeichnet und durch das Symbol v_x ausgedrückt, wobei das x im Index das Alter des Individuums bezeichnet. Der Reproduktionswert ist die relative Anzahl an weiblichen Nachkommen, die von jedem weiblichen Individuum mit dem Alter x noch geboren werden. Dieser Wert wird normalerweise bei den Weibchen am höchsten liegen, die gerade das reproduktionsfähige Alter erreicht haben. Für Weibchen, die das Fortpflanzungsalter bereits überschritten haben, wird er im allgemeinen null sein. Nach der ursprünglichen Definition von R. A. FISHER kann der Reproduktionswert im Alter x (v_x) im Verhältnis zu dem Reproduktionswert bei der Geburt (v_0) mit Hilfe der folgenden Formel genau vorhergesagt werden:

$$\frac{v_x}{v_0} = \frac{e^{rx}}{l_x} \sum_{y=x}^{\infty} e^{-ry} l_y m_y.$$

Oder, noch präziser, in der Integralform

$$\frac{v_x}{v_0} = \frac{e^{rx}}{l_x} \int_{x}^{\infty} e^{-ry} l_y m_y \, dy.$$

In dieser Formel addiert man die Anzahl der Nachkommen, die ein weibliches Individuum vom Alter x bis zum Ende seines Lebens hervorbringt (bezeichnet mit unendlich ∞, um sicher zu gehen, daß alle weiblichen Individuen mit einbezogen sind). Der Buchstabe y dient zur Bezeichnung aller Altersstufen, die das Weibchen von x bis ∞ durchläuft. In der Praxis wird v_0 gleich eins gesetzt, so daß die Formel jetzt den Reproduktionswert von v_x als Vielfaches von v_0 angibt:

$$\frac{v_x}{1} = v_x = \frac{e^{rx}}{l_x} \sum_{y=x}^{\infty} e^{-ry} l_y m_y.$$

$v_x = 2$ besagt daher z. B., daß man von einem Weibchen, das das Alter x erreicht hat, doppelt so viele weibliche Nachkommen erwarten kann als von einem anderen Weibchen, das gerade erst geboren worden ist. Worauf beruht der Unterschied? In diesem Fall bewirkt die hohe Sterblichkeit junger weiblicher Individuen, daß überhaupt nur wenige Weibchen das Alter x erreichen. Deshalb muß die durchschnittliche Vermehrungsfähigkeit bei den gerade geborenen Weibchen tiefer liegen als bei den Weibchen, die das Alter x tatsächlich erreicht haben. Ein anderes Beispiel: Stellen wir uns vor, unter 100 Weibchen, die geboren werden, erreicht nur eins das Alter x. Dieses eine weibliche Individuum erzeugt nun 100 weibliche Nachkommen. Wie groß ist v_x? Da ein Weibchen des Alters x 100 Mal so viele Nachkommen erzeugen wird wie ein durchschnittliches Weibchen, das gerade erst geboren wurde, ist $v_x/v_0 = 100$. Setzen wir $v_0 = 1$, so erhalten wir $v_x = 100$, was nichts anderes besagt, als daß der Altersunterschied in bezug auf den Reproduktionswert einen hundertfachen Unterschied ausmacht.

Verfolgen wir jetzt, wie die Formel von FISHER abgeleitet werden kann. In Worten läßt sich v_x folgendermaßen definieren:

$$v_x = \frac{\text{die Anzahl der weiblichen Nachkommen, die in diesem Moment von Weibchen mit dem Alter } x \text{ oder älter erzeugt werden}}{\text{die Anzahl der Weibchen, die in diesem Moment das Alter } x \text{ haben}}$$

Der Zähler. Die Anzahl der weiblichen Nachkommen, die in diesem Moment von Weibchen mit dem Alter x oder älter erzeugt werden, können wir berechnen, wenn wir die Wachstumsgleichung von EULER (siehe vorhergehender Abschnitt) etwas modifizieren, indem wir an Stelle aller Weibchen nur diejenigen Weibchen berücksichtigen, die das Alter x haben oder älter sind. Diese modifizierte Formel lautet

$$\sum_{y=x}^{\infty} e^{-ry} l_y m_y.$$

Der Nenner. Die Anzahl der Weibchen mit dem Alter x, die in diesem Moment leben, ist die Anzahl der Weibchen, die vor x Zeiteinheiten geboren wurden, d.h. e^{-rx}, multipliziert mit dem Faktor l_x, das ist der Anteil der Weibchen, der die Zeitspanne x überlebt hat. Das Produkt heißt also $e^{-rx}l_x$.

Setzen wir diese Ausdrücke in Zähler und Nenner ein, so erhalten wir

$$v_x = \frac{\sum_{y=x}^{\infty} e^{-ry}l_y m_y}{e^{-rx}l_x}$$

$$= \frac{e^{rx}}{l_x} \sum_{y=x}^{\infty} e^{-ry}l_y m_y.$$

Eine Kurve für die Reproduktionswerte einer menschlichen Population ist in Abb. 3-6 dargestellt. Hier sollte sich der Leser nun fragen, ob es ihm wirklich völlig klar ist, warum eine solche Kurve erst ansteigt und dann abfällt. Sehen wir uns z.B. den scharfen Anstieg zu Beginn, d.h. sofort nach der Geburt an. Dieser Anstieg hat seinen Grund in der Kindersterblichkeit. Der Leser sollte sich die Mühe machen, diese Feststellung zu begründen.

Der Reproduktionswert hat einige wichtige Folgen für die Ökologie und die Evolution. Untersuchen wir zuerst seine Bedeutung im Zusammenhang mit dem Begriff des optimalen Ertrags. Ein Bauer oder ein Jäger oder auch irgendein Räuber wird mehr tun wollen als nur zu versuchen, die Beutepopulation auf dem Niveau zu halten, das die größte Wachstumsrate einbringt. Ein solch grobes Vorgehen wäre allenfalls dann sinnvoll, wenn alle Beute-Individuen ungefähr denselben Reproduktionswert hätten. Dies ist jedoch kaum je der Fall. Ein wirklich geschickter Räuber oder ein „kluger" Räuber, wie einige Ökologen gern sagen, würde sich auf die Altersgruppen mit dem niedrigsten Reproduktionswert konzentrieren. Auf diese Weise würde er die größtmögliche Proteinmenge bekommen bei kleinstmöglicher Beeinträchtigung des Wachstums der ausgebeuteten Population. Zum Beispiel nutzen Hühnerfarmen den geringen Reproduktionswert von Eiern aus, die von den ständig legenden Hennen produziert werden. Die Hennen zu schlachten, hätte verheerende wirtschaftliche Folgen. Nehmen wir das andere Extrem: Lachse sterben, kurz nachdem sie zum Laichen in Süßwasserflüsse gewandert sind. In den wenigen Tagen zwischen dem Ablaichen und ihrem Tod ist ihr Reproduktionswert gleich null, und ihre großen Körper stellen eine reiche Energiequelle für Räuber und Parasiten dar, die diese Nahrungsquelle ausbeuten können, ohne das Wachstum der Lachspopulation zu

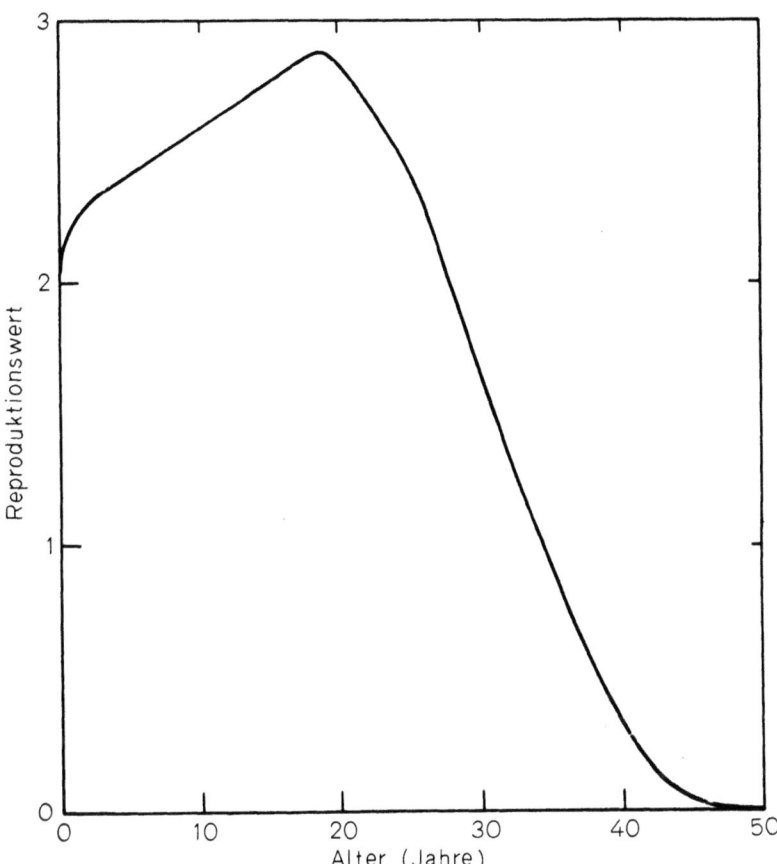

Abb. 3-6. *Die Kurve der Reproduktionsrate* von Frauen in Australien im Jahre 1911 (Aus: FISHER, R. A.: The Genetical Theory of Natural Selection. Oxford: Clarendon Press 1930)

verringern. Ist es möglich, daß Räuber und Parasiten sich tatsächlich so entwickeln, daß sie die Altersgruppen mit dem geringsten Reproduktionswert als Beute wählen? Wolfsrudel suchen sich ihre Beute am häufigsten unter sehr jungen oder sehr alten Tieren, oder unter kranken – mit anderen Worten, unter den Tieren mit den kleinsten Reproduktionswerten. Aber dies mag bloßer Zufall sein; denn diese Tiere sind auch am leichtesten zu fangen. Der Zusammenhang zwischen Beutefang und Reproduktionswert wird gerade erst von Ökologen systematisch untersucht, und wir können außer der bereits gezeigten theoretischen Verallgemeinerung noch nichts aussagen.

Es gibt einen zweiten ökologischen Prozeß, in dem der Reproduktionswert eine Hauptrolle spielt: die Kolonisation. Neue Populationen, vor allem solche, die Inseln und entlegene Habitate kolonisieren, werden häufig von nur wenigen Individuen gegründet. Das Schicksal solcher Gründerpopulationen ist deutlich abhängig von dem Reproduktionswert ihrer Angehörigen. Handelt es sich bei den Kolonisten durchweg um alte Individuen, die die Reproduktionsphase bereits überschritten haben, so wird die Population untergehen, denn dann ist $m_x = 0$ und somit $v_x = 0$. Sind die Gründer ausnahmslos junge Individuen, die auf sich selbst gestellt in einer neuen Umwelt nicht überleben können, so wird die Population ebenfalls untergehen; dieses Mal ist $l_x = 0$ und somit $v_x = 0$. Ganz offensichtlich sind Individuen mit dem höchsten v_x-Wert die besten Kolonisten. Könnte es vielleicht sein, daß Arten, die regelmäßig neue Habitate kolonisieren, also die r-Strategen, Dispersionsstadien mit sowohl hoher Mobilität als auch großer Reproduktionswerten haben? Das Datenmaterial scheint diese Schlußfolgerung zu begünstigen, obwohl die Untersuchungen über die Korrelation zwischen Reproduktionswert und Kolonisationsfähigkeit sich noch im Anfangsstadium befinden. (Weitere Aspekte der Kolonisierung werden wir in Kapitel IV kennenlernen.)

Schließlich kommt dem Reproduktionswert eine nicht zu unterschätzende Funktion bei der Evolution durch natürliche Selektion zu. Wenn ein genetisch benachteiligtes Individuum zu einem Zeitpunkt, an dem es einen hohen Reproduktionswert besitzt, aus der Population entfernt wird, so wird sein Ausscheiden einen relativ großen Einfluß auf die Evolution der Population haben. Ebenso besteht die Tendenz, daß Gene, die regelmäßig zum Tod führen, wenn die Individuen einen großen Reproduktionswert besitzen, schneller aus einer Population ausgeschieden werden als Gene, die in anderen Altersstadien zur Wirkung gelangen. Es ist in der Tat möglich, mit Hilfe des Begriffs des Reproduktionswertes die Evolution des Alterns zu erklären. Gemäß einer von P. B. MEDAWAR vorgebrachten Hypothese ist das *Altern*, d.h. die Zunahme der Schwäche und Sterblichkeit aufgrund spontanen physiologischen Verfalls, das Ergebnis der Fixierung von Genen, die dem Individuum in früheren Lebensabschnitten eine hohe Eignung verliehen haben, jedoch im späteren Verlauf des Lebens eine altersbedingte Degeneration verursachen. Werden die meisten Mitglieder einer Population durch Räuber, Krankheiten und andere „zufällige" Ursachen vernichtet, bevor sie das Alter erreichen, in dem diese Gene die Senilität hervorrufen, so werden die Gene wegen der gesteigerten Eignung, die sie im entscheidenden Augenblick verleihen, fixiert. Mit anderen Worten: Gene, welche die Fitness steigern, wenn der Reproduktionswert hoch ist, und sie später, wenn der

Reproduktionswert niedrig ist, vermindern, werden wahrscheinlich fixiert werden. Sind sie fixiert, so werden sie natürlich die $l_x m_x$-Kurve beeinflussen und damit die Kurve der Reproduktionswerte.

Die stabile Altersstruktur. Es ist ein wichtiges Prinzip der Ökologie, daß jede Population, die sich unter konstanten Umweltbedingungen ungestört vermehren kann, eine *stabile Altersstruktur* erreicht. (Die einzige Ausnahme stellen diejenigen Arten dar, die sich synchron nur in einem bestimmten Alter vermehren.) Das bedeutet, daß das Verhältnis der Individuen verschiedener Altersgruppen von Generation zu Generation konstant bleibt. Nehmen wir an, wir stellen aufgrund einer Zählung fest, daß 40% der Individuen einer bestimmten Population 0–1 Jahre, 50% 1–2 Jahre und 10% 2 oder mehr Jahre alt sind. Hat die Bevölkerung vor dem Zensus schon viele Jahre unter gleichbleibenden Umweltbedingungen existiert, so ist die Altersverteilung wahrscheinlich stabil. Zukünftige Zählungen werden daher ungefähr genauso ausfallen. Alle Populationen, die in einer gleichbleibenden Umwelt leben, entwickeln sich auf eine stabile Altersverteilung hin, gleichgültig, ob die Größe der Population zunimmt, schrumpft oder gleich bleibt. Jede Population hat ihre eigene spezifische Altersverteilung für eine gegebene Konstellation von Umweltbedingungen.

Der beste Weg zum Verständnis der stabilen Altersstruktur ist, einfach eine auszuarbeiten. Tabelle 3-3 zeigt einige fiktive Lebensdaten, die so abgefaßt sind, daß mit ihnen leicht und schnell Berechnungen angestellt werden können. Im unteren Teil dieser Tabelle finden wir die Anzahl der Individuen jeder Altersgruppe für sechs aufeinanderfolgende Jahre. Die Organismen durchlaufen während ihres Lebens drei Altersstufen, und die Anzahl der Organismen in den drei Altersgruppen ist entsprechend mit N_1, N_2 und N_3 bezeichnet. In unserem Beispiel haben wir willkürlich eine Population mit 10 Organismen in jeder der drei Altersgruppen angenommen ($N_1 = N_2 = N_3 = 10$), und zwar haben wir damit absichtlich eine Anordnung gewählt, die weit entfernt von der stabilen Verteilung liegt. Es zeigt sich nämlich, daß bereits im zweiten Jahr die l_x- und m_x-Werte eine Verschiebung der Altersstruktur herbeiführen werden. Sie wird sich in einer bestimmten Richtung ändern, bis sie schließlich etwa nach einem halben Dutzend Generationen sich nicht mehr nennenswert verschiebt – mit anderen Worten, sie hat die stabile Altersverteilung erreicht. Wir können mit jeder beliebigen Konstellation von Altersgruppen beginnen, die Population wird immer zu derselben stabilen Altersstruktur gelangen.

Wir kennen bereits die Methode, die wir zur Berechnung einer stabilen Altersverteilung benötigen. Die l_x-Werte im oberen Teil der Tabelle 3-3

Tabelle 3-3. Berechnung der stabilen Altersstruktur anhand von Lebensdaten[a])

	Tabelle der Lebensdaten			
	Alter 1	Alter 2	Alter 3	Alter 4
l_x	1	0,5	0,25	0
m_x	1	1	1	0

Altersstruktur (willkürlich ausgehend von 10 Individuen in jeder Altersklasse)

Anzahl der Weibchen in den verschiedenen Altersklassen	Erstes Jahr	Zweites Jahr	Drittes Jahr	Viertes Jahr	Fünftes Jahr	Sechstes Jahr
N_1	10	30	40	58	86	125
N_2	10	5	15	20	29	43
N_3	10	5	3	8	10	15
N_4	0	0	0	0	0	0
Gesamtanzahl N jedes Jahr	30	40	58	86	125	183

[a]) Die nach unten zeigenden Pfeile geben die zahlenmäßige Abnahme der Individuen aufgrund der Alterssterblichkeit an, während die gestrichelten Pfeile nach oben den Beitrag aller Altersgruppen zu den neuen Nachkommen in jedem Jahr anzeigen.

geben uns an, wie viele Individuen beim Übergang von einer Altersgruppe in die nächste überleben, und aus den m_x-Daten entnehmen wir die durchschnittliche Anzahl weiblicher Nachkommen, die jedes weibliche Individuum in jedem Jahr zur Welt bringt. Um unsere Rechnung zu beschleunigen, haben wir in allen Fällen $m_x = 1$ gesetzt. Sehen wir uns jetzt im unteren Teil der Tabelle 3-3 die Verschiebung in der Altersstruktur vom ersten zum zweiten Jahr an. Wir beginnen im ersten Jahr mit 10 Individuen in jeder der drei Altersgruppen. (Die Gruppe des 4. Jahres ist leer; sie ist in der Aufstellung als eine Zeile von Nullen enthalten, um uns daran zu erinnern, daß keins der Individuen bis ins 4. Jahr überlebt.) In der Ausgangssituation ist daher das Verhältnis der Individuen in den drei Altersstufen 0,333 : 0,333 : 0,333. Die Hälfte der 10 N_1-Individuen, d.h. 5, überleben und bilden die 5 N_2-Individuen des nächsten Jahres. Auch die Hälfte der 10 N_2-Individuen, d.h. 5, überleben und bilden die N_3-Individuen des nächsten Jahres. Beachten wir, daß wir diese letztere

Überlebenszahl (0,5) aus der Tatsachen ableiten, daß in der Tabelle der Lebensdaten l_3 mit 0,25 angegeben ist, während l_2 mit 0,5 aufgeführt wurde; d. h., daß die Hälfte der Individuen, die das Jahr 2 erreicht haben, bis zum Jahr 3 überleben werden. So resultiert die Zahl $l_3 = 0{,}25$ aus der Tatsache, daß $0{,}5 \times 0{,}5 = 0{,}25$ von Geburt bis zum Jahre 3 leben. Schließlich existieren 30 Individuen in N_1 im zweiten Jahr, denn jedes der 30 im ersten Jahr lebenden Individuen hatte einen Nachkommen. Wollen wir nun das Verhältnis der Altersklassen im dritten Jahr errechnen, so gehen wir von dem im Jahr 2 vorhandenen Verhältnis aus und wenden dasselbe Verfahren an, wie wir es vorher beim Übergang von Jahr 1 zu Jahr 2 benutzt haben.

Führen wir dies für die aufeinanderfolgenden Jahre durch, so erkennen wir, daß die Altersstruktur sich jedes Jahr verändert, allerdings wird der Grad der Veränderung von Jahr zu Jahr schwächer. Das Verhältnis bewegt sich auf die stabile Altersverteilung zu. Im ersten Jahr ist das Verhältnis 0,333 : 0,333 : 0,333. Bis zum fünften Jahr hat es sich zu 0,688 : 0,232 : 0,080 verschoben. Im darauffolgenden (sechsten) Jahr ist nur noch eine geringe Veränderung zu verzeichnen; das Verhältnis ist jetzt 0,683 : 0,235 : 0,82. Diese letzten Werte liegen sehr dicht bei der endgültigen stabilen Altersstruktur.

Aufgabe: Stellen wir uns eine Schabenart vor, die eine Lebensdauer von maximal drei Monaten hat. Von den Individuen, die aus dem Ei ausschlüpfen, leben 20% bis zum zweiten Monat und vermehren sich. Von diesen überleben 50% (oder 10% aller neugeborenen Schaben) bis zum dritten Monat und vermehren sich. Keine der Schaben überlebt bis zum vierten Monat. Die überlebenden weiblichen Tiere erzeugen im Durchschnitt zehn weibliche Nachkommen in jedem der beiden Fortpflanzungsmonate. In einem Haus setzen sich 10 zwei Monate alte und 20 drei Monate alte weibliche Schaben fest, die alle bereits befruchtet sind und aus Versehen mit einem Möbelstück aus einem verseuchten Lagerhaus eingeschleppt wurden. Es ist das Wachstum der Population zu beschreiben, und zu berechnen, wieviel Zeit verstreichen muß, bis eine stabile Altersverteilung erreicht ist.

Antwort: Die Geburts- und Sterbedaten sowie der Verlauf der Population sind in Tabelle 3-4 wiedergegeben. Da die Altersverteilung der Gründerpopulation so weit von der stabilen Verteilung entfernt lag (vor allem waren überhaupt keine jungen Individuen vorhanden), fluktuierten Populationsgröße und Alterszusammensetzung in den ersten Monaten besonders stark. Doch ungefähr im zehnten Monat hatte sich die Population eindeutig einer stabilen Altersstruktur angenähert und wuchs mit gleichbleibender Geschwindigkeit. Dieser Fall zeigt einen zusätzlichen wichtigen Punkt bei demographischen Analysen auf, der in den vorhergehenden Abschnitten noch nicht zur Sprache gebracht werden konnte: Wollen wir präzise Messungen der Nettofortpflanzungsrate (R_o) und der spezifischen Vermehrungsrate (r) erhalten, so müssen wir eine Population beobachten, die sich der stabilen Altersstruktur genähert oder sie erreicht hat.

Feinde

Zum Zweck einer theoretischen Formulierung definieren die Ökologen den Begriff Raub im weitest möglichen Sinn als das Vertilgen lebender Organismen, gleichgültig ob es sich bei Räuber und Beute um Pflanzen oder Tiere handelt. Tiere, die sich von Pflanzen ernähren, bezeichnen wir als Pflanzenfresser (Herbivoren) und Tiere, die andere Tiere verzehren, nennen wir Fleischfresser (Carnivoren). Es existieren auch einige Pflanzen, z.B. die Venusfliegenfalle und der Sonnentau, die Insekten fangen und verdauen und daher Fleischfresser sind. Es gibt noch eine dritte Kategorie von Organismen, die Parasitoiden, die besonders stark unter den Insekten vertreten sind. Ihr Verhalten ordnet sie zwischen Räubern, die ihre Beute töten, und Parasiten, die ihren Wirt als ständige Nahrungsquelle erhalten, ein. Eine Zeitlang lebt der Parasitoid in oder auf dem Körper seines lebenden Wirtes wie ein echter Parasit, mit der Zeit aber tötet er diesen unweigerlich, da er dessen Gewebe so stark zerstört, wie das auch die meisten Räuber tun. Da der Wirt getötet wird (man kann ihn nun mit Recht als Beute bezeichnen), ist das Endergebnis das gleiche wie beim regelrechten Raub. Das Verhalten der Parasitoide und das der Räuber kann in Populationsmodellen in genau der gleichen Weise behandelt werden. In der Literatur finden sich bei der Aufstellung einfacher Räuber-Beute-Modelle häufig Hinweise auf „Parasitismus", insbesondere Insektenparasitismus. Wovon die Autoren jedoch dann im allgemeinen sprechen, ist das spezielle Verhalten der Parasitoide. Wir wollen nicht behaupten, daß echter Parasitismus etwas ganz anderes ist als Raub. Da jedoch der Parasit häufig den Wirt am Ende nicht tötet, ist der Schaden, den er anrichtet, viel subtiler und kann nur schwer in Modelle eingefügt werden. Die grundlegende Theorie, die wir im folgenden kennenlernen werden, beschränkt sich ausschließlich auf das Räuber-Beute-Verhältnis.

Tabelle 3-4. Tabelle der Lebensdaten und Altersverteilung anhand der Daten, die in der Aufgabe im Text (S. 115) angegeben wurden

	Alter 1	Alter 2	Alter 3	Alter 4
l_x	1	0,2	0,1	0
m_x	0	10	10	0

					Monat						
1	2	3	4	5	6	7	8	9	10	11	12

	1	2	3	4	5	6	7	8	9	10	11	12
N_1	0	300	50	600	400	1 250	1 400	2 900	4 050	7 200	11 000	18 450
N_2	10	0	60	10	120	80	250	280	580	810	1 440	2 200
N_3	20	5	0	30	5	60	40	125	140	290	405	720

Gesamt N												
30	305	110	640	525	1 390	1 690	3 305	4 770	8 300	12 845	21 370

Anteil von N_1												
0	0,98	0,45	0,94	0,76	0,89	0,83	0,88	0,85	0,87	0,86	0,86

Die Lotka-Volterra-Gleichungen. Die Räuber-Beute-Beziehung ist aus verschiedenen Gründen einer der wirklich fundamentalen Prozesse der Biologie: sie liefert die Mehrzahl der wichtigsten Kanäle des Energieflusses durch das Ökosystem, sie macht Evolution möglich und läßt viel mehr Pflanzen- und Tierarten in einem Ökosystem zu, als es sonst möglich wäre. Außerdem ist sie ein wesentlicher Faktor für die dichteabhängige Regulierung der Populationsgröße bei einem Großteil von Pflanzen- und Tierarten. Beginnen wir, indem wir Raub als einen Regulator des Populationswachstums betrachten. Zuerst beschäftigen wir uns mit den klassischen Lotka-Volterra-Gleichungen der Räuber-Beute-Beziehungen. Dann werden wir sehen, warum das Modell, auf dem die Gleichungen basieren, komplexer gemacht werden muß, damit unsere Theorie mit der Wirklichkeit besser in Einklang zu bringen ist, – ein Weg, der bei fortschreitender Kenntnis unweigerlich eingeschlagen werden muß.

Die *Lotka-Volterra-Gleichungen*, benannt nach ALFRED J. LOTKA (1925) und VITO VOLTERRA (1926), die sie unabhängig voneinander im Verlauf ihrer Pionierarbeit über theoretische Populationsökologie aufstellten, gründen sich auf zwei sehr einfache Annahmen: Die Geburtsrate des Räubers wird mit zunehmender Beutezahl ansteigen, während bei der Beute mit zunehmender Räuberzahl die Sterberate ansteigen wird. Bezeichnen wir den Räuber als Art 1 und die Beute als Art 2 und führen wir die Bezeichnung 2→1 ein. Das bedeutet, daß die Art 2 der Art 1 Energie zuführt, d.h. Art 1 frißt Art 2.

Die Anzahl der Individuen in der Räuberpopulation benennen wir N_1 und die Anzahl in der Beutepopulation N_2. Als erstes erkennen wir, daß die individuelle Geburtsrate eines der Räuber von der vorhandenen Nahrungsmenge abhängt, die wiederum von der Dichte der Beutepopulation abhängig ist. Das ist dasselbe, als wenn wir sagen, die Geburtsrate des Räubers ist gleich $B_1 N_2$, wobei N_2 die Anzahl der Individuen der Beutepopulation und B_1 eine geeignete Konstante ist. Die individuelle Sterberate des Räubers andererseits ist nicht in dem Maße von der Beute abhängig; ihr einfachster Ausdruck ist D_1, ebenfalls eine Konstante. Setzen wir diese Ausdrücke in eine modifizierte Form der Gleichung für das exponentielle Wachstum ein, so erhalten wir

Wachstum der Räuberpopulation

$$\frac{dN_1}{dt} = \text{(individuelle Geburtsrate minus individuelle Sterberate)} \times N_1$$
$$= (B_1 N_2 - D_1) N_1$$
$$= B_1 N_1 N_2 - D_1 N_1.$$

Dies ist die erste der Lotka-Volterra-Gleichungen. Die zweite beschreibt das Wachstum der Beutepopulation. Die individuelle Geburtsrate der Beute ist im Gegensatz zu der des Räubers nicht direkt abhängig von der Häufigkeit der anderen Art. Wir können sie daher einfach als eine Konstante B_2 beschreiben. Die Sterberate jedoch steht in engem Zusammenhang mit dem zahlenmäßigen Auftreten des Räubers und wird am einfachsten beschrieben als $D_2 N_1$. Unter Benutzung dieser Ausdrücke erhalten wir die folgende Gleichung

Wachstum der Beutepopulation

$$\frac{dN_2}{dt} = \text{(individuelle Geburtsrate minus individuelle Sterberate)} \times N_2$$
$$= (B_2 - D_2 N_1) N_2$$
$$= B_2 N_2 - D_2 N_1 N_2.$$

Die Vorstellung, daß die Wachstumsraten abhängig sind von dem Produkt der Organismenanzahl entspricht ziemlich genau dem Massenwirkungsgesetz der Chemie, welches besagt, daß die Reaktionsgeschwindigkeit in demselben Maße steigt wie das Produkt der Molekülkonzentrationen, die an der Reaktion beteiligt sind. Möglichst einfach ausgedrückt heißt das, die Reaktionsgeschwindigkeit ist unmittelbar von der Häufigkeit abhängig, mit der die Moleküle aufeinander stoßen, und dies ist wiederum eine Funktion des Produktes der Konzentrationen. In gleicher Weise können wir argumentieren, daß die Beute in dem Maße von den Räubern gefressen wird, in dem die beiden aufeinanderstoßen. Warum hängt dies vom Produkt ihrer Anzahl ab? Stellen wir uns die folgende Situation vor: In einem gegebenen Areal soll ein Beutetier leben, das bei seinem Tod schnell durch ein anderes ersetzt wird. Während eines bestimmten Zeitraumes soll durchschnittlich ein Räuber das gesamte Gebiet absuchen. Ergebnis: eine Räuber-Beute-Wechselbeziehung. Nehmen wir nun an, in demselben Zeitraum, aber zu verschiedenen Zeitpunkten bejagten zwei Räuber das Gebiet, und zwar so, daß die vom ersten Räuber gefressene Beute rechtzeitig durch eine zweite Beute ersetzt werden kann, die dann von dem zweiten Räuber gefunden wird. Resultat: Zwei Räuber-Beute-Wechselbeziehungen. Als nächstes sollen drei Räuber und drei Beutetiere vorhanden sein. Ergebnis: Neun Räuber-Beute-Wechselbeziehungen. Führen wir dieses Gedankenexperiment weiter, so wird uns deutlicher, wie nützlich es ist, Produkte in die Populationsmodelle einzuführen.

Aufgabe: Bei welchen Populationsgrößen (N_1 und N_2) werden sich gemäß den Lotka-Volterra-Gleichungen Räuber- und Beutepopulation im Gleichgewicht befinden?

Antwort: Hören Populationen auf, sich zu verändern, so ist nach Definition $dN/dt = 0$. Setzen wir für die Räuberpopulation $dN_1/dt = 0$, so erhalten wir $N_2 = D_1/B_1$. Setzen wir für die Beutepopulation $dN_2/dt = 0$, so erhalten wir $N_1 = B_2/D_2$. In einem Koordinatensystem mit den Achsen N_1 und N_2 ergeben die beiden Gleichungen gerade Linien.

Nachdem diese Aufgabe gelöst ist, sehen wir uns das obere Diagramm in Abb. 3-7 an. Wir stellen fest, daß rechts von der senkrechten Linie, welche die „Kurve" $N_2 = D_1/B_1$ darstellt, die Räuberpopulation wächst. Sie wächst, weil die Geburtsrate der Räuberpopulation größer ist als ihre Sterberate, wenn mehr als D_1/B_1 Beuteorganismen vorhanden sind. Links von der Linie nimmt die Räuberpopulation ab. Gleichzeitig bemerken wir, daß unterhalb der waagerechten Linie, der „Kurve" $N_1 = B_2/D_2$, die Beutepopulation wächst. Jetzt ist die Anzahl der Räuber

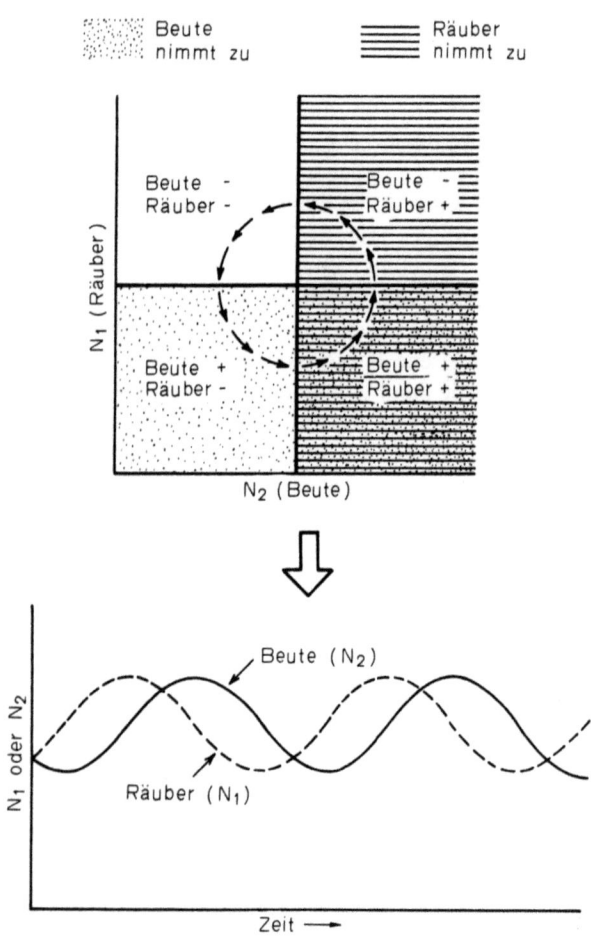

Abb. 3-7. *Räuber-Beute-Wechselbeziehung* gemäß der Lotka-Volterra-Gleichung. Das obere Schema zeigt die gemeinsame Häufigkeit der zwei in Wechselbeziehung stehenden Populationen. Das untere Schema zeigt das Ergebnis, wenn die Häufigkeiten der beiden Arten als Funktion der Zeit aufgetragen werden

nämlich so klein (weniger als B_2/D_2), daß die Sterberate der Beutepopulation niedriger als ihre Geburtsrate ist.

Als nächstes wenden wir uns der graphischen Darstellung der Räuber-Beute-Beziehung zu. Die Pfeile, die im obern Bild von Abb. 3-7 kreisförmig angeordnet sind, stellen die gemeinsamen Veränderungen der Populationsgrößen von Räuber und Beute im Laufe der Zeit dar. Wählen wir einen beliebigen Punkt auf dem Pfeilkreis im oberen linken Quadrat. Da der Punkt sich links der vertikalen Linie befindet, ist nicht genügend Beute vorhanden, um ein Wachstum der Räuberpopulation zuzulassen. Daher zeigt der Pfeil nach unten. Und da der Punkt oberhalb der horizontalen Linie liegt, existieren zu viele Räuber, als daß die Beutepopulation ansteigen könnte; folglich ist der Pfeil nach links gerichtet. Der Punkt bewegt sich daher nach links unten. Er wird diese Richtung beibehalten, bis er die horizontale Linie überschritten hat; dann wird es nur noch so wenige Räuber geben, daß eine Zunahme der Beutepopulation möglich wird. Der Punkt auf dem Pfeilkreis verschiebt sich jetzt nach unten rechts. Wir sollten den Punkt von hier aus um den ganzen Kreis laufen lassen und uns überlegen, warum er in jedem Quadrat eine bestimmte Richtung annimmt.

Offensichtlich oszillieren sowohl Räuber- als auch Beutepopulation im Verlauf der Zeit; dies ist in Abb. 3-7 unten dargestellt. In einem perfekten Lotka-Volterra-System könnten die Oszillationen die Form von Populationszyklen annehmen, d.h. die Anzahl der Individuen würde wiederholt in regelmäßigen Abständen steigen und sinken. Solche Zyklen sind bekannt, und einige von ihnen können sogar so interpretiert werden, daß sie mehr oder weniger dem Lotka-Volterra-Modell entsprechen (Abb. 3-8).

Doch müssen wir gleich hinzufügen, daß die Räuber-Beute Beziehung nur einer von mehreren Faktoren ist, die Populationszyklen hervorrufen können. Drei andere Faktoren, die in diesem Zusammenhang genannt

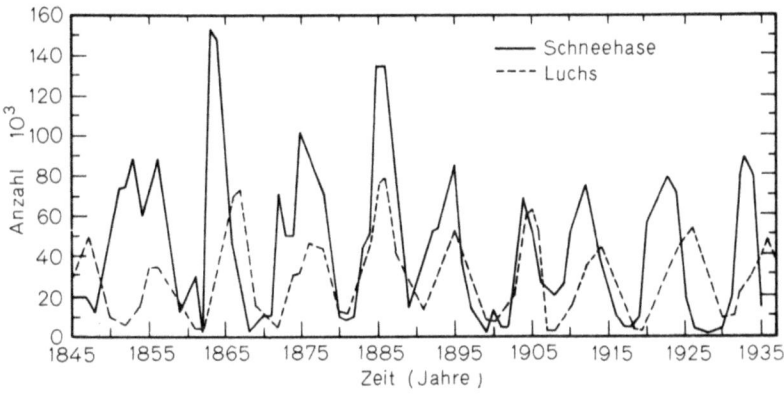

Abb. 3-8. *Populationszyklen* des Luchses und seiner Hauptbeute, des Schneehasen, in Kanada. Die Ordinate gibt die Anzahl von Fellen an, die an die Hudson Bay Gesellschaft verkauft wurden. (Aus: ODUM, E.P., 1971, nach MACLULICH, D.A., 1937, University of Toronto Studies, Biology Series, No. 43)

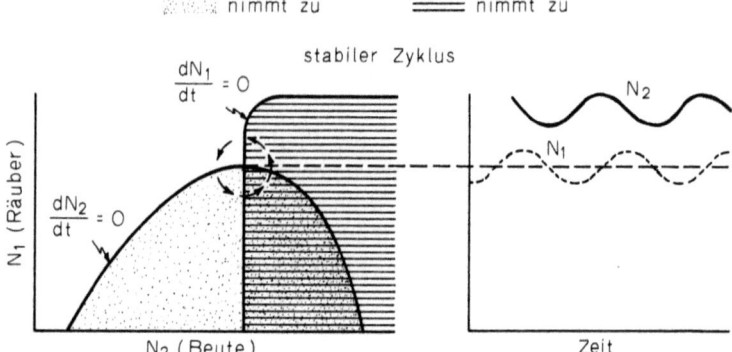

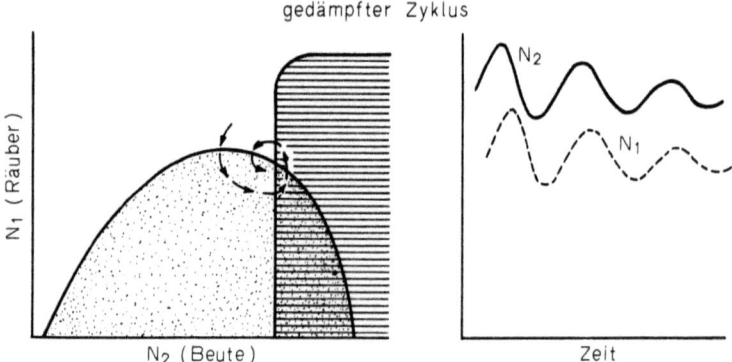

Abb. 3-9. *Wachstumskurven* von Räuber- und Beutepopulationen. Der Theorie zufolge entstehen größere Veränderungen in den Räuber-Beute-Oszillationen, wenn die Positionen der Nullwachstumskurven zueinander geändert werden. Die Pfeile zeigen die Richtungen an, denen die gemeinsamen Häufigkeiten der in Wechselwirkung stehenden Populationen folgen. Links sind die Beziehungen zwischen Räuber und Beute gezeigt, bei denen beide in einem langfristigen Gleichgewicht zu- und abnehmen; auf der rechten Seite die Beziehungen zwischen Räuber und Beute, wie sie sich mit der Zeit verändern und so die bekannten Populationszyklen hervorrufen. (Nachgezeichnet nach MacArthur, R. H., und Connell, J. H.: The Biology of Populations. New York: John Wiley a. Sons 1966; nach M. Rosenzweig und R. H. MacArthur, 1963; deutsche Ausgabe erschienen in der BLV-Verlagsgesellschaft München, 1970, unter dem Titel „Biologie der Populationen")

worden sind, sind Massenauswanderungen, physiologischer Stress aufgrund von Überbevölkerung und genetische Veränderungen in den Populationen. Fluktuationen sind selten so regelmäßig, daß sie die Bezeichnung Zyklen verdienen. Meist sind sie äußerst unregelmäßig und sehr schwer zu interpretieren.

Verbesserung der Grundtheorie. Auch im Labor gelingt es nur sehr schwer, ganze Populationszyklen ablaufen zu lassen. Bringt man Räuber- und Beutepopulation zusammen in ein einfaches Aquarium oder Terrarium, so verläuft die Angelegenheit gewöhnlich so, daß der Räuber die Beute schneller auffrißt, als diese sich vermehren kann; er spürt auch das letzte Individuum auf und vernichtet somit die Beutepopulation. Seiner Nahrung beraubt, ist auch der Räuber zum Untergang verurteilt. Was ist also falsch an den Lotka-Volterra-Gleichungen? Kurz gesagt, sie sind zu stark vereinfacht. Sie führen zu Fehlern bei denjenigen Häufigkeitskonstellationen von Räuber und Beute, bei denen beide Populationen aufhören zu wachsen. Wir wollen jetzt nicht versuchen, diese Gleichungen umzuschreiben, sondern im Prinzip anerkennen, daß die zugrunde liegenden Annahmen im wesentlichen richtig sind, und uns gleich einer Verbesserung der Theorie in ihrer graphischen Form zuwenden. Anders gesagt, wie werden uns – wie die Theoretiker sagen würden – auf die graphische Analyse beschränken und die weitaus schwierigere analytische Untersuchung anhand von Gleichungen vorerst aufschieben.

Ein breites Spektrum von Endergebnissen tatsächlicher Räuber-Beute-Systeme läßt sich in der Tat erklären, wenn man lediglich ein paar verhältnismäßig geringfügige und realistische Veränderungen an der Nullwachstumskurve der Beute vornimmt. Sehen wir uns Abb. 3-9 an. Dort steigt die Kurve der Beute jetzt vom Nullpunkt aus konvex an, anstatt gerade zu verlaufen, wie wir sie aufgrund der Lotka-Volterra-Gleichungen aufgetragen hatten. In unserer neuen Version kann die Beutepopulation zunehmen, wenn die gemeinsame Häufigkeit von Räuber und Beute (N_1 und N_2) irgendwo unterhalb der Beutekurve liegt; sie nimmt ab, wenn die gemeinsame Häufigkeit oberhalb der Beutekurve liegt. Die Richtung der Populationsänderungen, die durch Pfeile angezeigt ist, wird in gleicher Weise abgeschätzt wie bei der früheren, einfacheren Graphik nach den Lotka-Volterra-Gleichungen. Abb. 3-9 und 3-10 zeigen vier verschiedene Situationen, die in der Natur vorkommen könnten. Die ersten drei erhalten wir, indem wir lediglich die Nullwachstumskurve der Beute im Verhältnis zur Nullwachstumskurve des Räubers verschieben. Im ersten Fall (*stabiler Zyklus*) schneidet die Wachstumskurve der Räuberpopulation die Kurve der Beute im rechten Winkel, so daß die beiden Kurven vier gleiche Abschnitte schaffen. Wie in dem ursprünglichen Lotka-Volterra-Diagramm (Abb. 3-7) werden die Pfeile dazu tendieren, sich in jedem Quadrat symmetrisch zu bewegen und stabile Populationszyklen hervorzurufen. Eine solche Symmetrie wird

unstabiler Zyklus (Zunahme der Oszillation)

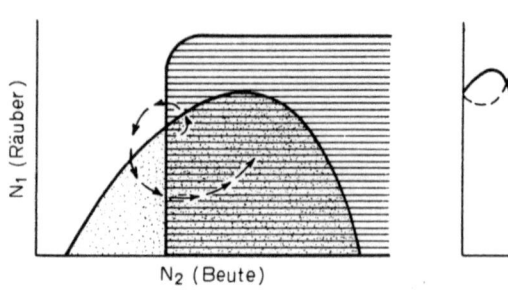 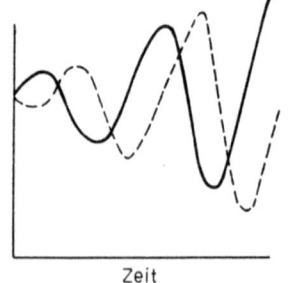

stabiler Zyklus mit Refugium

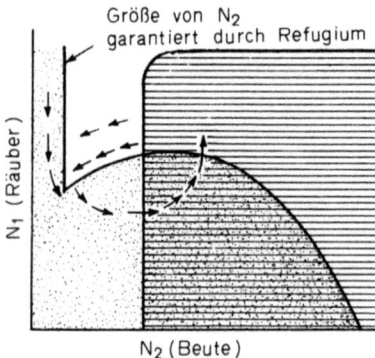 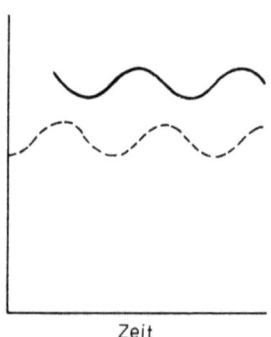

Abb. 3-10. *Zwei weitere Arten* von Oszillationen in Räuber-Beute-Systemen. (Nachgezeichnet nach MACARTHUR und CONNELL, 1966, nach M. ROSENZWEIG und R. H. MACARTHUR, 1963)

in der Natur jedoch selten sein, gerade so wie regelmäßige Räuber-Beute-Populationszyklen selten sind. Im zweiten Fall (*gedämpfter Zyklus*) liegt die Beutekurve zum größten Teil außerhalb der Räuberkurve. Wenn wir die Graphik betrachten, erkennen wir auf den ersten Blick eine Einwärtsspirale der Pfeile und damit eine Dämpfung der Populationszyklen.

Das Ergebnis wäre hier eine beträchtliche Stabilität der beiden Populationen. Im dritten Fall (*unstabiler Zyklus*) liegt die Beutekurve großteils innerhalb der Räuberkurve. Diese Situation tritt am häufigsten in ein-

fachen Systemen auf, wie sie z. B. im Labor aufgebaut werden, und sie führt zu der Vernichtung von Räuber und Beute.
Es ist verhältnismäßig einfach, das katastrophale Resultat der unstabilen Situation zu verhindern, und zwar ohne die Positionen der zwei Nullwachstumskurven zu verschieben. In diesem vierten Fall (*stabiler Zyklus mit Refugium*) gibt man der Beute einen Zufluchtsort, in dem sie sicher ist. Es wird folglich immer eine gewisse Anzahl von Beuteorganismen geben, die dem Zugriff des Räubers entzogen sind. Nehmen wir an, in einem Teich jagten Elritzen oligochaete Würmer; der Teich wäre für 1000 Würmer ein sicheres Versteck. Die Elritzen würden die Wurmpopulation bis auf diese 1000 dezimieren und dann gezwungenermaßen aufhören. Außerdem würde die Elritzen-Population nicht mehr zunehmen oder sogar absinken, bis die Wurmpopulation die Möglichkeit gehabt hat, wieder so weit anzuwachsen, daß sie einen Überschuß produziert, der dann den Elritzen zur Verfügung steht. Die Existenz eines Refugiums ist in Abb. 3-10 unten dargestellt. Solche Verstecke kommen in der Natur häufig vor und sind wahrscheinlich für eine beträchtliche Anzahl der bestehenden ausgewogenen Räuber-Beute-Systeme verantwortlich. Es muß dazu gesagt werden, daß ein Refugium nicht unbedingt nur ein einfacher Zufluchtsort sein muß, in den die Räuber nicht vordringen können. Statt dessen kann es auch eine entlegene Gegend sein, die die Beutepopulation entdeckt und besiedelt, bevor der Räuber folgen kann. Das nächste Beispiel soll diesen Punkt illustrieren. Nachdem planmäßig mehrere *Opuntien* von der Neuen Welt nach Australien eingeführt worden waren, wuchsen sie dort so üppig, daß sie zu einer schweren Plage wurden und ungefähr 240 000 qkm überwucherten und als Weidefläche unbrauchbar machten. Das Problem wurde gelöst, als Entomologen den Falter *Cactoblastis cactorum* einführten, dessen Raupe sich von dem Kaktus ernährt. Der Falter vermehrte sich rasch und fraß nahezu alle *Opuntien* in Australien. Aber er rottete den Kaktus nicht völlig aus. In isolierten Gegenden (den „Refugien"), die von den Faltern nicht so schnell gefunden werden, gibt es noch kleine Populationen. So befinden sich die Populationen der Opuntien und die ihrer Räuber, der Falter, in einem fortwährend oszillierenden Zustand.
Schließlich sollten wir fragen, welche biologische Begründung es dafür gibt, daß die Nullkurven der Beute so gekrümmt verlaufen, wie es in Abb. 3-9 und 3-10 gezeigt ist. Es reicht nicht, wenn wir sagen, daß sich auf diese Weise leicht die Oszillationen ergeben, die wir haben wollen. In der Tat sind diese Wachstumskurven, die vom Nullpunkt aus konvex ansteigen, biologisch realistischer als die einfacheren Lotka-Volterra-Versionen. Links vom Maximum wird N_2 kleiner: die Beute wird rar. Das Ergebnis könnte sein, daß es für ausgewachsene Individuen schwie-

riger wird, sich während der Paarungszeit zu finden. Ebenso sind vielleicht bei Arten, die in sozialen Gruppen jagen, die Herden oder Schwärme kleiner und daher bei der Nahrungsbeschaffung nicht so effektiv. Es gibt folglich einen Wert für N_2, unterhalb dessen die Nullkurve absinkt. Rechts vom Gipfel, wo N_2 groß wird, leben die Individuen der Beutepopulation dichter zusammen. Irgendwann werden dann neben dem Raub selbst dichteabhängige Faktoren zu einer unverhältnismäßig hohen Sterblichkeitsrate oder Abnahme der Fruchtbarkeit führen. Das Ergebnis ist eine Abnahme der Beutekurve nach rechts.

Das *Volterra-Prinzip*. Volterra erkannte die folgende überraschende Wirkung der Lotka-Volterra-Gleichungen für die Räuber-Beute-Beziehungen: Werden die zwei Arten durch eine äußere Kraft, z.B. wahlloses Jagen oder die Verwendung von Pestiziden durch den Menschen, in ungefähr gleichem Maß zerstört, so wird die Beutepopulation wachsen, die Räuberpopulation dagegen entsprechend abnehmen. Mit anderen Worten, wenn wir 50% der beiden Arten vernichten oder irgendeinen anderen Prozentsatz, solange er nur für beide ungefähr gleich groß ist, wird die Anzahl der Beuteorganismen anschließend schneller ansteigen als die der Räuber. Diese Vorhersage folgt aus den zwei Gleichungen, die wir hier wiederholen wollen:

$$\frac{dN_1}{dt} = B_1 N_1 N_2 - D_1 N_1 \quad \text{Wachstum der Räuberpopulation.}$$

$$\frac{dN_2}{dt} = B_2 N_2 - D_2 N_1 N_2 \quad \text{Wachstum der Beutepopulation.}$$

Beachten wir hier noch einmal, daß das Produkt $N_1 N_2$ die Geburtsrate der Räuber und die Sterberate der Beute bestimmt. Werden N_1 und N_2 um den gleichen prozentualen Anteil reduziert, so wird das Ergebnis bei dem Produkt $N_1 N_2$ viel stärker sein als in N_1 oder N_2 allein. Daher wird die Geburtsrate des Räubers drastischer beschnitten als die der Beute, und die Sterblichkeitsrate der Beute nimmt entsprechend ab. Der Vorteil liegt also auf seiten der Beute. Denken wir uns einen Fall, in dem anfänglich 100 Räuber und 100 Beuteorganismen existieren, so daß $N_1 N_2 = 10000$. Jetzt vernichtet ein äußerer Faktor 50% von beiden Populationen, so daß nun N_1 und N_2 jeweils 50 Individuen umfassen. Der neue Wert $N_1 N_2$ ist nun nicht 50% des alten $N_1 N_2$-Wertes; er beträgt 2500 oder nur 25% der ursprünglichen Größe. Gleichgültig, wie hoch die ursprünglichen Größen von N_1 und N_2 sein mögen oder der Prozentsatz, um den wir sie kürzen, in der Theorie wird der Volterra-Grundsatz recht behalten. Er kann auch in der Praxis wichtige Folgen haben. Zum Beispiel ist Entomologen aufgefallen, daß bei der Schädlingsbekämpfung durch Besprühen mit Insektiziden die Population des Schädlings häufig zwar abnimmt, aber nur um dann sprunghaft noch höher als zuvor anzusteigen. Dieses Phänomen ließ sich auf die Mitvernichtung der natürlichen Räuber und Parasiten der Schädlingsart zurückführen. Im Einklang mit dem Volterra-Prinzip sind diese nützlichen Insekten nicht in der Lage, sich so schnell zu erholen wie die Populationen, von denen sie leben.

Nahrungssystem und Populationsstabilität

Im vorigen Abschnitt betrachteten wir die Beute- und Räuberpopulationen als getrennte Einheiten, deren Größe im Verlauf ihrer Wechselbeziehungen schwankte. Nunmehr wollen wir einige ihrer Eigenschaften als ganzes Populationssystem untersuchen; dabei erweitern wir die Anzahl der Arten, zwischen denen Wechselbeziehungen bestehen, und beschäftigen uns mit der Effektivität des Energieflusses von Beute und Räuber. Den Prozeß, bei dem Beuteindividuen durch eine Räuberart verzehrt werden, bezeichnen wir als *Glied* in einer *Nahrungskette*. Wird in einem Ökosystem mehr als eine Art von einem Räuber gefressen, so nennen wir die Gesamtheit aller verflochtenen Nahrungsketten ein *Nahrungssystem*. Praktisch alle Ökosysteme der Welt bestehen aus sehr komplexen Nahrungssystemen, die mit Hilfe analytischer Methoden in miteinander verbundene Ketten zerlegt werden können. Die Position in der Nahrungskette bezeichnet man als die *Trophieebene*. So stellen die grünen Pflanzen, die die Strahlungsenergie der Sonne auffangen und die Produzenten für die Gemeinschaft der Arten sind, die erste Trophieebene dar. Die zweite Trophieebene bilden als erste Konsumenten die Pflanzenfresser, die sich von den grünen Pflanzen ernähren; die dritte Trophieebene wird von den Fleischfressern eingenommen, die von den Pflanzenfressern leben; die vierte Trophieebene stellen die Fleischfresser 2. Grades dar, die von den Fleischfressern leben usw. In nahezu allen Ökosystemen gibt es als letztes Kettenglied „oberste" Fleischfresser, d.h. eine oder mehrere große, spezialisierte Tierarten, die sich von den Tieren der niedrigeren Trophieebenen ernähren, selbst gewöhnlich aber nicht von Räubern gefressen werden. Einen solchen Status genießen z.B. die größeren Wale, die Löwen, die Wölfe und der Mensch selbst, der gefräßigste der „obersten" Fleischfresser. Zusätzlich zu den Ketten zwischen den Produzenten und den Konsumenten, den *Räuberketten*, gibt es *Parasitenketten*, bei denen kleine Organismen sich von ihren größeren Wirten ernähren, normalerweise ohne sie gleich zu töten, und *Reduzentenketten*, in denen die Reduzenten, z.B. Bakterien, Pilze und eine gewaltige Vielfalt von Aasfressern, von toten Geweben und Abfallprodukten von Organismen aller Trophieebenen leben.

Es gehört zu der „traditionellen Weisheit" der modernen Ökologie, daß die Stabilität des Ökosystems wächst, je größer die Anzahl der Glieder in dem Nahrungssystem ist. Damit ist gemeint, je mehr Pflanzen-, Pflanzenfresser- und Fleischfresserarten koexistieren und je größer die Anzahl der Verbindungen ist, an denen jede dieser Arten beteiligt ist, um so stärker wird jede Population dazu tendieren, sich um konstante Durchschnittswerte zu bewegen, und um so besser wird die Größe der Populationsschwankungen vorhersagbar sein. Außerdem wird es um so unwahrscheinlicher, daß die Fluktuationen so extrem werden, daß sie zur Vernichtung führen, und um so länger wird demnach jede Art in dem Ökosystem bestehen. Die Begründung für diese Schlußfolgerung ist in Abb. 3-11 graphisch dargestellt. Sie kann kurz und bündig folgendermaßen ausgedrückt werden: Wenn ein Räuber ausschließlich von einer einzelnen Beuteart abhängig ist, gibt es viele Bedingungen, bei denen diese beiden Populationen stark fluktuieren – vor allem wenn sie unter einfachen Umweltbedingungen leben. Im vorigen Abschnitt sahen wir, wie die Fluktuationen unstabil werden und zu der Vernichtung der beiden Populationen führen können. Stehen zwei oder mehrere Beutearten zur Verfügung, so sind die Möglichkeiten, daß derart katastrophale Veränderungen eintreten, viel geringer. Das liegt daran, daß bei Abnahme der

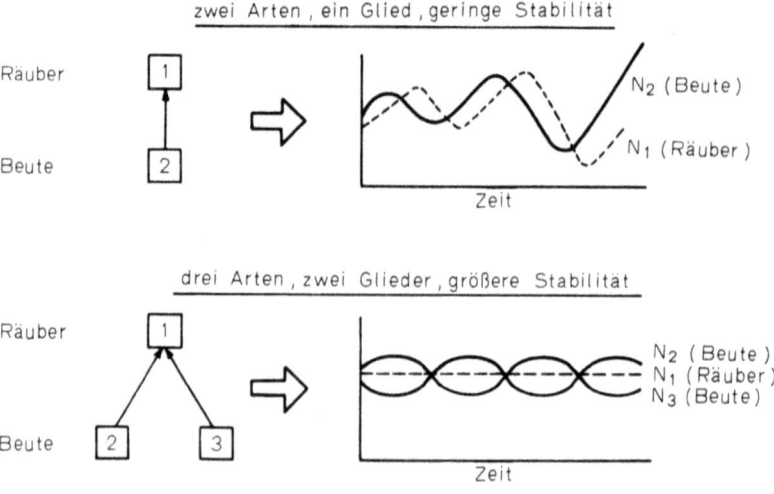

Abb. 3-11. *Beziehung zwischen der Artenvielfalt* und der Populationsstabilität. Ist ein Räuber von einer einzigen Beuteart abhängig, so können beide Populationen leicht unstabil werden (oben). Sind aber zwei Beutepopulationen vorhanden, so werden ihre voneinander unabhängigen Fluktuationen dahin tendieren, die Fluktuationen in der Räuberart auszugleichen (unten)

ersten Beuteart (vielleicht weil sie von dem Räuber zu stark gejagt wurde) die zweite Beuteart sich möglicherweise gerade im Wachstumsstadium befindet (und jetzt evtl. aus Individuen in einem Lebensalter besteht, in dem sie noch nicht von dem Räuber verfolgt werden). Das Ergebnis ist, daß die *Gesamtzahl* der Beuteindividuen beider Arten weniger variieren wird, als es der Fall wäre, wenn nur eine Beuteart zur Verfügung stünde. Der Stabilisierungseffekt beruht auf einer *Umschaltreaktion* auf seiten des Räubers, d.h. der Tendenz, die häufigere Art anstelle der weniger häufigen zu jagen. Wenn dann eine Art außergewöhnlich zahlreich wird, dann lenkt der Räuber, der eine solche Umschaltreaktion zeigt, seine Aufmerksamkeit vorzugsweise auf diese Art und gibt so der selteneren Beuteart eine bessere Chance, sich zu vermehren. Zahlreiche Hinweise lassen darauf schließen, daß die Regel „Stabilität durch Vielfalt" allgemein anwendbar ist; hierher gehört auch der Nachweis der erwähnten Umschaltreaktion im Verhalten der Räuber, und zwar sowohl bei den Wirbeltieren als auch bei den Insekten. Die eben gebrachte Erklärung wird z.B. zum Verständnis der starken Fluktuation herangezogen, die man häufig in arktischen Ökosystemen beobachten kann sowie bei den Insektenplagen in landwirtschaftlichen Monokulturen; beide sind nämlich durch eine niedrige Artenvielfalt gekennzeichnet. Dennoch ist die Regel nicht absolut gültig. Kürzlich bei Untersuchungen von Insektenpopulationen erzielte Ergebnisse haben gezeigt, daß die Existenz von mehr als einer Räuberart gelegentlich zu stärkeren Fluktuationen in der Beutepopulation führen kann. Mit anderen Worten, auch das Gegenteil der Stabilitäts-Regel kann eintreten. Der Grund ist, daß einige der Räuberarten vielleicht nicht auf Veränderungen in der Beutepopulation ansprechen, aber ein anderes Räuber-Beutesystem in so starkem Maße stören, daß die Beutepopulation starken Schwankungen unterworfen wird. Ein Räuber, der auf Veränderungen in der Beutepopulation anspricht, wäre vielleicht in der Lage, die Schwankungen zu dämpfen, wenn er ein Monopol für die Beute hätte; er kann dies jedoch vielleicht nicht, wenn ihm von einer anderen Art Konkurrenz gemacht wird. In welchem Ausmaß dieser umgekehrte Effekt in der Natur vorkommt, bleibt noch offen, doch mahnt er zumindest zur Vorsicht und erinnert uns – wieder einmal – daran, daß die einfachsten Modelle der Populationsökologie in der Praxis häufig versagen.

Abb. 3-12 zeigt uns einige Nahrungssysteme, die, in stark vereinfachter Form, für ganze Artengemeinschaften in verschiedenen Ökosystemen repräsentativ sind. Anhand der Abbildung soll eine Reihe von Grundsätzen deutlich werden. Erstens kann die Form des Nahrungssystems von einem Ökosystem zu einem anderen sehr drastisch variieren. Ein Ökosystem, z.B. das der Mangrovenzone an der Küste mitsamt den Tieren,

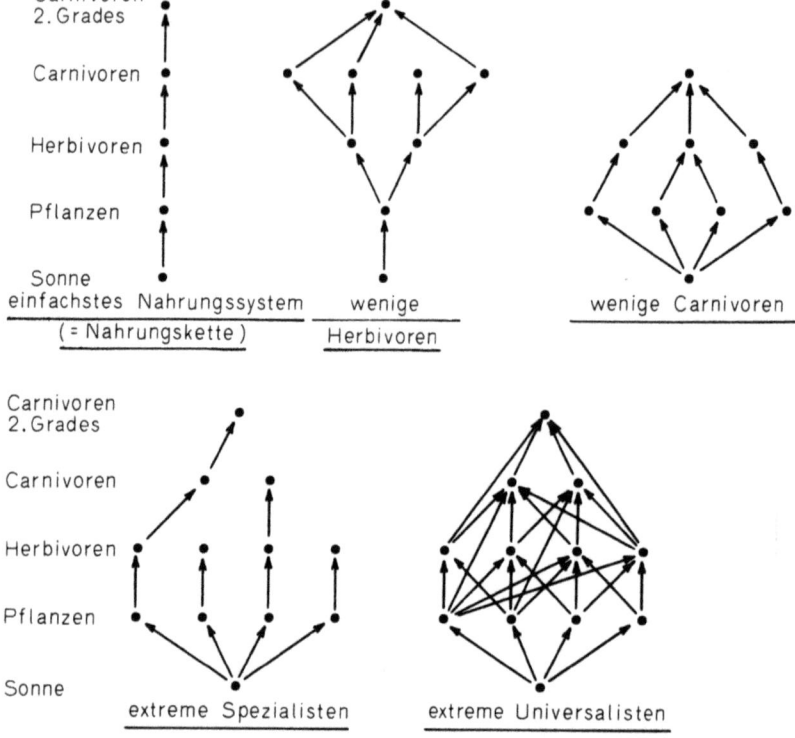

Abb. 3-12. *Nahrungssystem* aus miteinander verbundenen Nahrungsketten in den Lebensgemeinschaften verschiedener Ökosysteme

die oberhalb der Flutlinie leben, kann aus einer einzigen Pflanzenart, einer verhältnismäßig kleinen Anzahl von Pflanzenfressern und einer größeren Zahl von Fleischfressern bestehen. Diese Situation ist in der Abb. 3-12, Mitte oben, dargestellt. Ein anderes Ökosystem, z.B. eine Landwirtschaft mit starker Weidenutzung, mag eine geringe Vielfalt von Pflanzen und Pflanzenfressern enthalten und nur einen einzigen Fleischfresser, in diesem Fall den Menschen. Die Mehrzahl der natürlichen Ökosysteme besteht jedoch aus zahlreichen Arten von Pflanzen, Herbivoren und Carnivoren. Die beiden unteren Beispiele in Abb. 3-12 zeigen, wie stark sich Ökosysteme im Grad der Nahrungsspezialisierung unterscheiden können. Es ist sogar möglich – wie wir im Nahrungssystem der „extremen Universalisten" (im Gegensatz zum Spezialisten) sehen –, daß die Arten in mehr als in einer Trophieebene Nahrung aufnehmen. In der Tat sind die sogenannten Allesfresser (Omnivoren) – das sind

Arten, die sowohl Pflanzen- als auch Fleischfresser sind – in den meisten Ökosystemen zahlreich vertreten.

Aufgabe: Welches der fünf Nahrungssysteme in Abb. 3-12 müßte nach der Stabilitätsregel die beste Populationsstabilität für die Arten bieten?

Antwort: Die beiden Nahrungssysteme der untere Reihe müßten die größte Stabilität bieten, denn jedes umfaßt eine größere Gesamtzahl von Arten (12) und in den meisten Fällen auch eine größere Artenzahl in jeder Trophieebene als die anderen Systeme. Von den beiden Systemen müßten die „extremen Universalisten" stabiler sein, denn ihr System enthält die vielfältigsten Verbindungen der Nahrungsketten.

Aufgabe: Ein Ökosystem besteht aus vier Arten, von denen mit Ausnahme des obersten Konsumenten alle den anderen als Nahrung dienen. Es sind die Nahrungssysteme zu zeichnen, die aufgrund der Stabilitäts-Regel die kleinste bzw. die größte Stabilität bringen.

Antwort: Die Lösung ist in Abb. 3-13 dargestellt. Wenn wir drei Pflanzenarten und einen Pflanzenfresser annehmen, so sind nur drei Glieder möglich. Dies wäre die am wenigsten stabile Gemeinschaft. Als anderes Extrem können wir bei vier Arten sechs Glieder bekommen, wenn wir eine Pflanzenart und drei Omnivoren annehmen. Der Theorie zufolge wäre dies die stabilste Gemeinschaft.

Abb. 3-13. *Zwei Nahrungssysteme* in einer Lebensgemeinschaft von 4 Arten. Auf der linken Seite die am wenigsten stabile Gemeinschaft mit nur 3 Gliedern. Rechts die stabilste Gemeinschaft mit 6 Gliedern

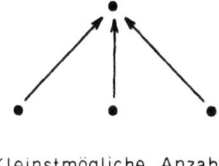

Kleinstmögliche Anzahl der Glieder (3)

Größtmögliche Anzahl der Glieder (6)

Ein Maß für die Mannigfaltigkeit der Arten

Als wir im vorhergehenden Abschnitt die Regel „Stabilität durch Vielfalt" einführten, definierten wir Vielfalt einfach als die Anzahl der Arten. Das mag für einige Untersuchungen ein brauchbarer Maßstab sein, für die meisten Situationen ist er jedoch bei weitem nicht ideal. Oft reicht es nicht aus, die Anzahl der Arten zu wissen, wir müssen auch die relative Häufigkeit oder Abundanz jeder Art kennen. Nehmen wir z. B. die Frage der Stabilität. Wenn ein Räuber von 10 Beutearten abhängig ist, die alle über lange Zeiträume hinweg ungefähr die gleiche Abundanz haben, so können wir erwarten, daß alle 10 Arten bei der Regulierung der Abundanz des Räubers eine vergleichbare Bedeutung haben. Stellen wir uns nun aber vor, daß sich unter den 10 Beutearten nur eine sehr häufige und neun sehr seltene Arten befinden. Es kann nun sein, daß die neun zahlenmäßig geringen Arten nur eine unbedeutende Rolle bei der Regulierung der Räuberpopulation spielen und daß diese sich so verhält, als ob nur eine einzige Art als Beute zur Verfügung stünde. Es ist klar, daß ein Maß für die Mannigfaltigkeit nötig ist, das über die relativen Häufigkeiten der Arten Auskunft gibt. Mehrere Maße sind vorgeschlagen worden. Das am häufigsten benutzte wird teilweise als das *Maß für die Entropie* oder als der *Shannon-Wiener-Informationsgehalt* oder einfach als der *Informationsgehalt* des Systems bezeichnet:

$$H_S = -\sum_{i=1}^{S} p_i \log p_i .$$

H_S = das Symbol für das Ausmaß der Mannigfaltigkeit in einer Gruppe von S Arten; in diesem Fall ist die Organismenspezies die Klassifizierungskategorie (daher der Index S), aber es können auch andere Kategorien benutzt werden;

S = die Anzahl der in der Gruppe vorhandenen Spezies;

p_i = die relative Abundanz der i-ten Art, gemessen von 0,0 bis 1,0 (wenn z. B. die betrachtete Art die zweithäufigste ist, so kennzeichnen wir sie $i=2$; und wenn 10% aller Organismen dieser Art angehören, so ist $p_i = 0,10$);

$\log p_i$ = der Logarithmus von p_i; er kann ausgedrückt werden in bezug auf die Basis 2, e oder 10. Der Einfachheit halber werden wir hier die Basis e verwenden, mit anderen Worten: wir nehmen die Basis des natürlichen Logarithmus.

Das Minuszeichen haben wir hinzugefügt, damit H positiv wird. Sonst würden die Logarithmen – die alle negativ sind, da p_i bei zwei oder mehreren i zwischen 0 und 1,0 liegt – dazu führen, daß die Summe negativ wird. Dieser Maßstab für die Mannigfaltigkeit der Arten in einem Areal ist bei den Ökologen zum Teil deswegen beliebt, weil er genau dem Entropiemaß in der Thermodynamik und dem Informationsgehalt in der Informationstheorie entspricht. In allen drei Wissenschaften – Physik, Informationstheorie und Ökologie – gibt H den Grad der „Ungewißheit" an. Ein größeres H bedeutet, daß wir beim zufälligen Herausgreifen eines Atoms oder einer Nachricht oder eines einzelnen Organismus nicht sicher sein können, welche Art Atom, Nachricht oder Organismus wir erhalten. Ist in einer Gruppe z. B. nur eine einzige Art vertreten, so ist die Ungewißheit über den blindlings herausgegriffenen Organismus gleich null. Entsprechend wird auch der Wert H gleich null sein, da p der Art $=1$ und der Ausdruck $\log p = \log 1 = 0$ ist. Für jede gegebene Anzahl von Arten wird H_S am größten sein, wenn die Arten alle gleich häufig sind. Das scheint uns auch intuitiv richtig zu sein, denn die Ungewißheit über einen bestimmten Organismus ist in der Tat am größten, wenn alle Arten, zu denen er möglicherweise gehören kann, mit der gleichen Wahrscheinlichkeit vertreten sind.

Das Entropiemaß der Mannigfaltigkeit hat noch andere Vorteile. Als erstes hat es keine obere Grenze. Das heißt, werden zu der Artengruppe noch weitere Arten hinzugefügt, so kann H_S unbegrenzt steigen; eine unendliche Anzahl von Arten würde – wenn sie denkbar wäre – zu einem unendlich großen H_S führen. Ebenso können, wenn verschiedene unabhängige Klassifikationen auf dieselben Organismen angewandt werden, die von jedem Organismus erzielten getrennten Entropiemaße einfach addiert werden und ergeben dann die Gesamtmenge der Mannigfaltigkeit für alle. Stellen wir uns vor, daß wir beschlössen, die Organismen zusätzlich zu einer Einteilung nach Arten auch noch nach der Nahrung zu

Tabelle 3-5. Berechnung der Mannigfaltigkeit (H_S) für zwei gedachte Gruppierungen von Vogelarten (siehe dazugehörige Aufgabe im Text)

Erste Vogelgruppe				Zweite Vogelgruppe			
Art	p_i	$\log p_i$	$p_i \log p_i$	Art	p_i	$\log p_i$	$p_i \log p_i$
$i=1$	0,2500	$-1,3863$	$-0,346575$	$i=1$	0,5000	$-0,6932$	$-0,3466$
$i=2$	0,2500	$-1,3863$	$-0,346575$	$i=2$	0,1250	$-2,0794$	$-0,2599$
$i=3$	0,2500	$-1,3863$	$-0,346575$	$i=3$	0,1250	$-2,0794$	$-0,2599$
$i=4$	0,2500	$-1,3863$	$-0,346575$	$i=4$	0,1250	$-2,0794$	$-0,2599$
			$-1,386300$	$i=5$	0,1250	$-2,0794$	$-0,2599$
			$H_S=1,3863$				$-1,3862$
							$H_S=1,3862$

zählen (z.B. 60% oder 0,6 jagen Vögel, 0,2 fangen Insekten als Beute usw.) oder nach ihrem Mikrohabitat (0,4 leben in Baumwipfeln, 0,3 am Fuß von Bäumen usw.). Jede neue unabhängige Klassifikation ergibt ihr eigenes H. Eine Eigenschaft des Entropiemaßes ist es nun, daß alle H-Werte addiert werden können und dann das Gesamt-H ergeben. Dadurch wird es möglich, Gruppen von Organismen je nach ihrer Vielfalt in bezug auf eine große Anzahl ökologischer Merkmale zu vergleichen. In der Mehrzahl der Fälle jedoch ist das H, das man in der ökologischen Literatur findet, mit H_S identisch, d.h. mit dem Wert für die Mannigfaltigkeit der Arten.

Aufgaben: In einem Wald werden zwei Gruppen von Vogelarten ausgewählt. Die erste Gruppe besteht aus 4 gleich häufigen Arten. Die zweite Gruppe setzt sich zusammen aus einer Art, die 50% aller Vögel liefert, und vier anderen Arten, denen die restlichen Vögel zu gleichen Teilen angehören. Welche der beiden Artengruppen zeigt die größere Mannigfaltigkeit?

Antwort: Die dazu notwendigen Berechnungen sind in Tabelle 3-5 gezeigt. Es stellt sich heraus, daß beide Gruppen annähernd den gleichen H_S-Wert und damit (gemäß Definition) die gleiche Artenvielfalt aufweisen trotz ihrer unterschiedlichen Häufigkeitsverteilungen.

Aufgabe: Welches System ist vielfältiger: das mit 2 gleich häufigen Arten oder das mit 11 Arten, von denen eine 90% der Individuen stellt und die restlichen je 1%?

Antwort: Das 2-Arten-System mit $H_S = 0{,}6932$ zeigt eine größere Vielfalt als das System mit 11 Arten, dessen $H_S = 0{,}5553$ ist.

Energieumsatz und Energiefluß in Ökosystemen

Wenn wir den Körper eines Tieres in einem Mikrobombenkalorimeter vollständig verbrennen, so daß alle Energie, die er abgibt, genau gemessen werden kann, dann werden wir in den meisten Fällen feststellen, daß das Tier zwischen 5 und 7 Kilokalorien pro Gramm seines aschefreien Gewichts freisetzt. Mit anderen Worten: in jedem Gramm seines Körpers, das verbrannt werden kann, enthält das Tier genug Energie, um zwischen

5 und 7 kg Wasser um 1° C zu erwärmen. Diese Werte variieren geringfügig von einer Tierart zur anderen. Pflanzen weisen sehr viel unterschiedlichere Werte auf und enthalten im allgemeinen weniger Energie. Raub und Abbau bedeutet nichts anderes als das Einfangen eines Teils dieser Energie durch Organismen, die sich von den Körpern anderer Organismen ernähren.

Die Energie, die durch die verschiedenen Nahrungsketten fließt, wird ständig in drei verschiedene Kanäle geleitet. Ein Teil der Energie geht in die *Produktion*, d. h. in die Schaffung neuen Gewebes durch Wachstum, Entwicklung und Reproduktion sowie in die Erzeugung von energiereichen Reservesubstanzen in Form von Fetten und Kohlehydraten. Ein zweiter Teil der Energie geht dem Ökosystem durch *Export* verloren, d.h. durch die Auswanderung von Organismen sowie durch passiven Transport von totem organischem Material durch Wind und Wasser über die Grenzen des Ökosystems hinaus. Die restliche Energie geht dem Ökosystem, wie allen anderen Ökosystemen, für immer durch die *Atmung* verloren. Dieser Verlust aufgrund der Atmung ist sehr groß. Tatsächlich wird nur ein kleiner Bruchteil der Energie von einer Trophieebene zur anderen weitergegeben. Ökologen geben dafür rund 10% an. Der genaue Meßwert, auf den sich diese wichtige Verallgemeinerung stützt, ist der *ökologische Wirkungsgrad*, der wie folgt definiert wird

$$\text{ökologischer Wirkungsgrad} = \frac{\text{von der Population erzeugte Kalorien, die ihren Feinden als Nahrung dienen}}{\text{von der Population selbst als Nahrung aufgenommene Kalorien}}$$

Nehmen wir an, wir untersuchten die folgende sehr einfache Nahrungskette: Ein Kleefeld, die Mäuse, die den Klee fressen, und die Katzen, die die Mäuse fressen. Gemäß der „zehn-Prozent-Regel" des ökologischen Wirkungsgrades würden wir erwarten, daß für je 100 Kalorien Klee, die die Mäuse pro Zeiteinheit fressen, die Katzen in derselben Zeiteinheit jeweils ungefähr 10 Kalorien Mäuse vertilgen. Der ökologische Wirkungsgrad der Mäuse in bezug auf die Katzen ist dann 10%:

$$\text{ökologischer Wirkungsgrad} = \frac{\text{die Kalorien (10) der Mäuse, die pro Zeiteinheit von den Katzen gefressen werden}}{\text{die Kalorien (100) des Klees, der pro Zeiteinheit von den Mäusen gefressen wird}} \times 100\% = 10\%$$

Halten wir uns vor Augen, daß die im Klee enthaltenen Kalorien dieselben sind, die von den Katzen aufgenommen werden. Die Katzen sind aber spezialisierte Fleischfresser; sie haben scharfe Zähne, die dafür ausgebildet sind, kleine Tiere zu fangen und Fleisch zu zerreißen. Die Mäuse andererseits haben Zähne, die geeignet sind zum Zerkleinern und Zermahlen von Samen und anderem Pflanzenmaterial. Vom Standpunkt der Katzen aus betrachtet ist die Mäusepopulation nur eine Einrichtung zur Umwandlung von Klee-Kalorien in eine verwendbare Form. Unsere Verallgemeinerung besagt, daß das beste, was Mäuse tun können, ist, daß sie 10% der gefressenen Klee-Kalorien den Katzen verfügbar machen. Wenn eine andere Tierart Katzen verzehren würde, so fände sie die Katzen ungefähr gleich gut im Verfügbarmachen von Mäusekalorien. Messungen in verschiedenen Ökosystemen und Laborexperimente haben gezeigt, daß der ökologische Wirkungsgrad in der Praxis zwischen etwa 5% und 20% variiert. Die Mehrzahl liegt dicht genug bei 10%, so daß diese Zahl als eine erste grobe Annäherung benutzt werden kann.

Der ökologische Wirkungsgrad kann für ganze Trophieebenen wie auch für einzelne Populationen berechnet werden. Beispielsweise untersuchte H. T. ODUM ein aquatisches Ökosystem bei Silver Springs, Florida, und erhielt die folgenden Zahlen für eingefangene, gespeicherte und an die nächste Trophieebene weitergegebene Kilokalorien unter jedem Quadratmeter Wasseroberfläche pro Jahr.

Pflanzen		*Pflanzenfresser*		*primäre Fleischfresser*		*sekundäre Fleischfresser*	
aufgenommen	gespeichert	aufgenommen	gespeichert	aufgenommen	gespeichert	aufgenommen	gespeichert
20810	8833	3368	1478	383	67	21	6

Der ökologische Wirkungsgrad beträgt für die Relation Pflanzenfresser/Pflanzen $3368/20810 = 16\%$, für die Relation primäre Fleischfresser/Pflanzenfresser $383/3368 = 11\%$ und für die Relation sekundäre Fleischfresser/primäre Fleischfresser $21/383 = 5,5\%$.

Zusätzlich zu den Unterschieden in den ökologischen Wirkungsgraden, die von Ebene zu Ebene und von Art zu Art auftreten, kommt ein zweiter Faktor hinzu, der die Analyse des Energieflusses erschwert; das ist die Tatsache, daß die Arten nicht immer deutlich in Trophieebenen eingeordnet werden können. Einzelne Arten, vor allem die Allesfresser, spielen gelegentlich mehrere Rollen. Die Krähe zum Beispiel ist sowohl ein Räuber von Insekten und anderen Kleintieren als auch ein Aasfresser von toten Vögeln und Säugetieren – und daher ein sogenannter Destruent. Andere Vögel ernähren sich von Früchten und Samen, sind also Pflanzenfresser, aber ebenso von vielen verschiedenen Insekten, sind also auch Fleischfresser ersten und zweiten Grades. Doch selbst mit diesen Einschränkungen können wir die 10%-Regel des ökologischen Wirkungsgrades noch dazu benutzen, um ein wichtiges allgemeines Charakteristikum im Aufbau der Ökosysteme zu erklären, daß nämlich Nahrungsketten selten mehr als 4 oder 5 Glieder aufweisen. Der Grund liegt darin, daß eine (etwa) 90prozentige Reduktion der Produktivität dazu führt, daß nur $1/10 \times 1/10 \times 1/10 \times 1/10 = 1/10000$ der von den grünen Pflanzen weitergegebenen Energie für die fünfte Trophieebene verfügbar ist. Der oberste Fleischfresser nützt also nur ein Zehntausendstel der Kalorien aus, die von den Pflanzen, von denen er letzten Endes abhängig ist, produziert wurden, und daher muß er eine dünne Besiedlungsdichte und einen weiten Aktionsradius haben. Wölfe, die Elche jagen, müssen bis zu 30 Kilometern pro Tag zurücklegen, um ausreichende Energie zu finden. Das Jagdgebiet von Tigern oder anderen Großkatzen beträgt häufig mehrere hundert Quadratkilometer. Und solche Organismen sind ganz einfach zu dünn gesät, um selbst wieder einem Räuber als Nahrung dienen zu können. Es gibt keine Tierart, die Tiger jagt – wahrscheinlich weniger deswegen, weil Tiger so stark sind, sondern weil sie zu wenig Kalorien produzieren, als daß sich die Anstrengung lohnen würde.

Aufgabe: Nehmen wir an, in einem Ökosystem gäbe es 8 Tierarten A, B, C, D, E, F, G und H. Art A nährt sich von den Arten B und C, Art B von Art D, Art C von Art E, Art D von den Arten F und H, Art E von den Arten F und G. Es soll das Nahrungssystem für diese Lebensgemeinschaft gezeichnet werden. Wie viele Trophieebenen gibt es und welche Arten befinden sich auf den verschiedenen Ebenen? Wenn 1000 Energieeinheiten pro Tag von der untersten Trophieebene zur nächsten weitergegeben werden, wie viele Energieeinheiten (ungefähr) würden nach unseren Erwartungen die höchste Ernährungsstufe erreichen?

Antwort: Das Nahrungssystem ist in Abb. 3-14 dargestellt. Es enthält 4 Trophieebenen. Die Energie (1000 Einheiten/Tag) wird von der zweituntersten Stufe (D und E) aufgenommen. Wir wollen sehen, wieviel von dieser Energie zwei Stufen höher zur Verfügung steht. Legen wir unserer

Schätzung die 10-Prozent-Regel zugrunde, so ergibt sich ein Betrag von $1/10 \times 1/10 \times 1000 = 10$ Einheiten pro Tag. Wir erinnern uns jedoch, daß die bekannten Werte für den ökologischen Wirkungsgrad zwischen 5% und 20% schwanken. Eine sehr vorsichtige Schätzung läge also bei $1/20 \times 1/20 \times 1000 = 2{,}5$ Einheiten pro Tag und eine sehr optimistische Schätzung bei $1/5 \times 1/5 \times 1000 = 40$ Einheiten pro Tag.

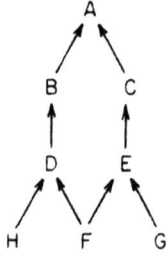

Abb. 3-14. *Nahrungssystem* für acht Tierarten (4 Trophieebenen)

Studenten der Meeresökologie machen eine erstaunliche Entdeckung, wenn sie ihre erste Planktonprobe untersuchen: die schwebenden Organismen im Meer bestehen fast ausschließlich aus Copepoden und anderen Wirbellosen; das Gewicht dieser kleinen Räuber in einem gegebenen Wasservolumen kann bis zu doppelt so groß sein wie das der Algenzellen, von denen sie sich ernähren. Wie kann ein derart kopflastiges System bestehen? Schließlich haben wir gerade festgestellt, daß Pflanzenfresser nur ungefähr 10% der Energie bekommen, die die Pflanzen, von denen sie sich ernähren, produzieren. Die Antwort lautet: Weil die Algenzellen die Kalorien viel schneller produzieren, als dies die Planktontierchen tun. Sie haben einen schnelleren Stoffwechsel und wachsen viel rascher und sind folglich in der Lage, sich zumindest ebenso schnell zu vermehren, wie sie von den Pflanzenfressern vertilgt werden. Es ist eine allgemeine physiologische Regel, daß je kleiner ein Organismus ist, desto höher seine Stoffwechsel- und Wachstumsraten sind. Bei Algen bedeutet z.B. eine 25fache Größenabnahme eine 5fache Zunahme der Produktivität (meßbar anhand des Verhältnisses Oberfläche zu Volumen). Da die Planktonalgen zu den kleinsten Pflanzen der Welt gehören, ist es nicht so überraschend, daß eine kleine Anzahl verhältnismäßig viele Pflanzenfresser ernähren kann.

Es trifft allgemein zu, daß in jeder Ebene des Ökosystems nur eine lose Beziehung besteht zwischen der Menge des lebenden Materials, das normalerweise als *Biomasse* oder „Standing Crop" bezeichnet wird, und seiner Produktionsrate. Abb. 3-15 zeigt einige Beispiele, wie sie häufig

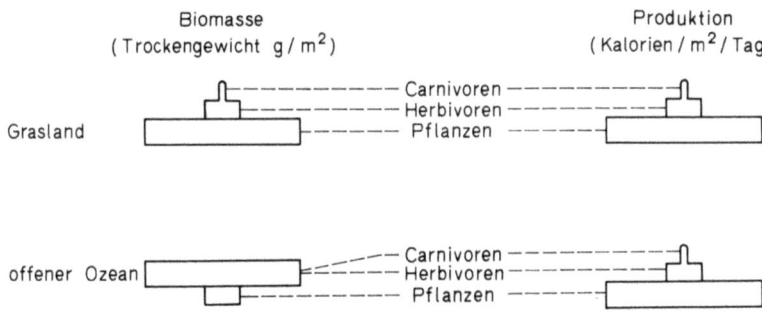

Abb. 3-15. *Pyramiden der Biomasse und der Energie* in zwei verschiedenen Ökosystemen. Die Pyramide der Biomasse gibt das Gesamtgewicht der Organismen in den verschiedenen Trophieebenen an, die in einem bestimmten Gebiet zu jedem beliebigen Zeitpunkt vorhanden sind. Die Energiepyramide gibt die Produktionsrate auf den verschiedenen Ebenen an

von Ökologen benutzt werden, um diese zwei Eigenschaften bei ganzen Organismengemeinschaften zu veranschaulichen. Die „*Pyramide der Biomasse*" stellt das Gesamtgewicht der Organismen dar, die den verschiedenen Trophieebenen angehören und in einem bestimmten Gebiet, in diesem Fall einem Quadratmeter, zu einem beliebigen Zeitpunkt vorhanden sind. Die „*Energiepyramide*" zeigt die Produktionsrate auf den verschiedenen Ebenen, in Kalorien pro Zeiteinheit. Wie wir entsprechend der 10-Prozent-Regel erwarten können, sind die Energiepyramiden der einzelnen Ökosysteme einander sehr ähnlich. Da die verschiedenen Organismentypen eine außerordentlich große Variation in Größe und Produktivität zeigen, z.B. Algen im Vergleich zu Mammutbäumen, sind die Pyramiden der Biomassen in den einzelnen Ökosystemen stark unterschiedlich.

Wir können das Verhältnis von Biomasse zu Energie noch besser verdeutlichen, wenn wir den Begriff *Umsatz* verwenden. Umsatz ist definiert als der Ersatz der verlorengegangenen Individuen. Er läßt sich sowohl für die einzelnen Organismen, die gefressen werden, berechnen als auch für die Kalorien, die sie enthalten. Der Umsatz steht mit der Biomasse der Beutepopulation und der durchschnittlichen Lebensdauer der Beuteorganismen folgendermaßen in Beziehung: Nehmen wir an, die Katzenpopulation, von der wir oben gesprochen haben, benötigt ein Nahrungsangebot von 10000 kcal Mäusen pro Tag. Wenn jede Maus 20 Gramm wiegt und jedes Gramm 5 kcal liefert, dann enthält jede Maus 5×20 kcal $= 100$ kcal. Die Katzen müssen daher fangen:

$$\frac{10000 \text{ kcal/Tag}}{100 \text{ kcal/Maus}} = 100 \text{ Mäuse/Tag.}$$

100 Mäuse (oder 10000 kcal Mäuse) pro Tag ist die Umsatzrate der Mäusepopulation. Wie groß muß eine Biomasse sein, um solch eine Umsatzrate zu ermöglichen? Dies hängt von der durchschnittlichen Lebensdauer der Mäuse ab. Nehmen wir an, jede Maus lebt im Durchschnitt 50 Tage und wird dann von einer Katze gefangen. Das bedeutet, daß die Katzen jeden Tag 1/50 der Mäusepopulation vernichten. Die gesamte Mäusepopulation ist daher

$$50 \times (\text{Umsatzrate bei den Mäusen})$$
$$= 50 \times 100 \text{ Mäuse}$$
$$= 5000 \text{ Mäuse}.$$

Je länger die durchschnittliche Lebensdauer der Beuteorganismen ist, um so größer muß die Beutepopulation sein, um eine bestimmte Räuberpopulation zu erhalten. Es handelt sich, wie wir sehen, also um eine einfache reziproke Beziehung.

Aufgabe: Im Teich A lebt eine Crustaceen-Population von einer Algenpopulation von ungefähr 10 Mrd Individuen. Jede Algenzelle lebt im Durchschnitt 2 Tage, bevor sie konsumiert wird. Im Teich B ernährt sich eine ähnliche Population der gleichen Crustaceen-Art von einer anderen Algenart, die mit der ersten physiologisch und ökologisch identisch ist mit der Einschränkung, daß die Zellen im Durchschnitt nur einen Tag leben. Es ist die Biomasse der Algenzellen im Teich B zu berechnen.

Antwort: Die erwartete Biomasse der Algen in Teich B ist 5 Mrd Zellen. Erinnern wir uns, daß Teich A und B den jeweiligen Crustaceen die gleiche Anzahl von Zellen zum Verzehr anbieten. Die Algenpopulation in Teich A tut dies, indem sie ihre gesamte Population alle 2 Tage auswechselt, d. h. 10 Mrd/2 Tage = 5 Mrd/Tag. Die Algenpopulation in Teich B tut dasselbe, doch tauscht sie ihre gesamte Populationsgröße jeden Tag aus. Da ihre Umsatzrate mit 5 Mrd/Tag gleich der in Teich A sein soll, muß ihre Biomasse 5 Mrd Zellen umfassen.

Aufgabe: Eine Asselpopulation lebt in einem Feld und unterhält eine Spinnenpopulation. In einem Jahr wächst das Gras höher, so daß die Asseln schwerer zu fangen sind und ihre durchschnittliche Lebensdauer sich verdoppelt. Trotz dieser Veränderung bleibt ihre Anzahl die gleiche. Welchen Einfluß hat das höhere Gras auf die Spinnenpopulation bei sonst gleichen Bedingungen?

Antwort: Die Anzahl der Spinnen wird sinken. Wenn die meisten Asseln erwachsene Tiere sind, was der Fall wäre, wenn sie den größten Teil ihres Lebens erwachsen wären, dann würde die Spinnenpopulation durch die Verdoppelung der Lebensdauer der Asseln ungefähr um die Hälfte reduziert. Wenn die Asseln jedoch große Teile ihres Lebens in jungen, unreifen Stadien verbringen, dann wäre das Absinken der Spinnenpopulation nicht so drastisch. Warum?

Konkurrenz

Konkurrenz wird von Ökologen definiert als die aktive Nutzung eines lebensnotwendigen Faktors durch zwei oder mehrere Organismen. Reicht dieser nicht aus, um die Bedürfnisse aller Organismen zu decken, so wird er zu einem limitierenden Faktor des Populationswachstums. Werden durch die Knappheit des Konkurrenzfaktors, verbunden mit zunehmender Organismenzahl, dem Wachstum immer engere Grenzen gesetzt, dann gehört die Konkurrenz gemäß Definition zu den dichteabhängigen Faktoren. Die Arten der Konkurrenz sind äußerst unterschiedlich. Zum Beispiel befindet sich ein Tier, das einem anderen die Nahrung streitig macht, ganz offensichtlich im Konkurrenzkampf. Das gleiche gilt für ein Tier, das sein Territorium mit einem Duftstoff markiert; es trifft auch dann zu, wenn Konkurrenten das Territorium nur wegen des Dufts meiden und mit dem Besitzer des Territoriums noch niemals in Berührung gekommen sind. Zur Konkurrenz gehört auch der vollständige Verbrauch aller Nahrungsquellen und ähnlicher Faktoren zum Schaden anderer Organismen, gleichgültig ob dabei aggressive Verhaltensweisen auftreten oder nicht. Eine Pflanze kann z. B. durch ihr Wurzelsystem auf Kosten ihrer Nachbarn Phosphate aufnehmen oder ihre Umgebung vom Sonnenlicht ausschließen, indem sie sie mit ihren Blättern beschattet.

Konkurrenz kann zwischen Angehörigen derselben Art (*innerartliche* oder *intraspezifische Konkurrenz*) oder zwischen Individuen verschiedener Arten (*zwischenartliche* oder *interspezifische Konkurrenz*) auftreten. Die Ökologen haben ihre Beobachtungen und theoretischen Überlegungen großteils auf die interspezifische Konkurrenz konzentriert, und diese ist auch das Thema, mit dem wir uns hier beschäftigen wollen. Das zentrale Problem einer solchen Konkurrenztheorie ist die Verdeutlichung der Bedingungen, unter denen konkurrierende Arten sich durch Konkurrenz entweder gegenseitig ausschließen oder andernfalls eine Lösung finden, die ihnen erlaubt, für unbegrenzte Zeit nebeneinander zu existieren. Beide Möglichkeiten kommen nachweislich in der Natur häufig vor. Die Konkurrenztheorie steht ebenso wie die Räuber-Beute-Theorie in engem Zusammenhang mit der Regulierung des Populationswachstums. Wie wir gleich sehen werden, enthalten die Grundgleichungen der Konkurrenz tatsächlich zum Teil dieselben Werte, die wir bei der Beschreibung der Räuber-Beute-Beziehungen benutzt haben. Im allgemeinen beginnt man die Darstellung der Konkurrenztheorie mit den Gleichungen, geht dann anhand der Gleichungen zur graphischen Analyse über und vergleicht schließlich – wenn überhaupt – die Theorie mit den in der Natur beobachteten Erscheinungen des Konkurrenzkampfes. Wir wollen in den folgenden Seiten umgekehrt vorgehen und glauben, daß dies für den Leser, der sich erst mit der Thematik zu beschäftigen beginnt, die verständlichste Art der Einführung ist.

Wenn wir Konkurrenzbeziehungen zwischen zwei Arten finden, so erhebt sich sofort die Frage: warum stören sich die beiden gegenseitig nicht so lange, bis eine ausgemerzt ist? Die Antwort darauf lautet: wenn die beiden Arten sich in ihren Bedürfnissen zu ähnlich sind, wird tatsächlich eine von ihnen vernichtet. Diese Verallgemeinerung bezeichnet man gewöhnlich als das *Gausesche Prinzip* (nach G. F. GAUSE, einem der Pioniere der Konkurrenzforschung) oder auch als das *Exklusionsprinzip*. Es kann in groben Zügen wie folgt wiedergegeben werden: *Zwei Arten, die ökologisch identisch sind, können nicht lange koexistieren.* Das Problem der ökologischen Gleichheit im Gegensatz zur ökologischen Verschiedenheit ist leichter verständlich, wenn wir den Begriff der *ökologischen Nische* in unsere Überlegungen einführen. Jede Art oder genauer, jede lokale Population, besitzt einen bestimmten Temperaturbereich, in dem sie leben und sich vermehren kann. Sie hat ebenfalls ein bestimmtes Nahrungsspektrum, das sie zur Existenz braucht. Jede Pflanzenpopulation muß zusätzlich zur nötigen Sonnenenergie eine bestimmte Kombination von Nährstoffen aus dem Boden beziehen können. Weiterhin ist ein bestimmter Feuchtigkeitsbereich für das Wachstum der Population nötig. Somit haben wir bis jetzt drei „Dimensionen" der Nische aufgeführt: Temperatur, Nährstoffe und Feuchtigkeit. Diese Liste können wir nach Belieben fortsetzen. Man könnte z. B. die Tages- und Jahreszeiten hinzufügen, in denen die Art aktiv ist, das Habitat, in dem sie hauptsächlich lebt und so fort. In dieser Weise können die verschiedenen Komponenten der Nische einer Population direkt analysiert werden, bis wir ein ziemlich vollständiges Bild der ökologischen Bedürfnisse der Population haben.

Das Prinzip der Exklusion durch Konkurrenz besagt dann also, daß zwei Arten nicht koexistieren können, wenn ihre Nischen nicht verschieden sind. Die Folgerung ist, daß zwei Arten, die sich genetisch so ähnlich sind, daß ihre Nischen übereinstimmen, nicht in demselben geographischen Raum leben können. Es kann auch vorkommen, daß die beiden Arten zwar genetisch verschieden sind, sich jedoch in einer Umwelt befinden, in der sie gezwungen sind, an demselben Ort zu leben und dieselben Dinge zu tun. Auch in diesem Fall wird eine Art die andere verdrängen. Die zwei Arten können nur dann koexistieren, wenn neue Umweltbereiche hinzukommen, und zwar so, daß der eine Bereich die eine Art und der andere die zweite Art begünstigt. Wenn z.B. zwei Arten von Mehlkäfern, die zu den Gattungen *Tribolium* und *Oryzaephilus* gehören, in einem einfachen Gefäß, das nur Mehl enthält, miteinander leben und sich vermehren müssen, so wird *Tribolium* immer *Oryzaephilus* vernichten. Wenn wir dieses Biotop aber dadurch verkomplizieren, daß wir dem Mehl kleine, dünne Glasröhrchen hinzufügen, so können die zwei Arten nebeneinander bestehen. Das erklärt sich daraus, daß die Glasröhrchen dem kleineren *Oryzaephilus* erlauben, in einem gewissen

Abb. 3-16. *Grundbedingungen* für die Koexistenz zweier Arten. Die Population der schwarzen Schmetterlingsart befindet sich im Gleichgewicht und ist für das Leben in der Eiche (links) spezialisiert. Sie ist zu klein, um genügend Individuen zu der Tanne entsenden und die dortige weiße Schmetterlingsart verdrängen zu können (rechts). Die Gleichgewichtsbedingung besteht ebenso für die weißen Schmetterlinge in der Tanne

Bereich der Umwelt zu bestehen, selbst wenn er in dem Rest vernichtet wird. Mit anderen Worten: seine Nische ist von der des *Tribolium* so verschieden, daß die beiden Arten unter bestimmten Umweltbedingungen koexistieren können.

Der Begriff der Nische allein verhilft uns jedoch nur zu einem oberflächlichen Verständnis der Exklusion durch Konkurrenz. Es gibt noch viel mehr zu berücksichtigen als die Toleranzgrenzen der konkurrierenden Arten. Um ein vollständigeres Bild zu bekommen, kehren wir zu der grundlegenden Theorie des Populationswachstums zurück und wenden uns insbesondere den Wachstumsraten der beiden Arten zu. *Exklusion durch Konkurrenz tritt auf, wenn die eine Art so viele Nachkommen erzeugt, daß die Populationszunahme der anderen Art dadurch vermindert wird.* Dies wird nicht geschehen, wenn die Nischen der beiden Arten so verschieden sind, daß jede Art wenigstens in einem Teil der Umwelt nicht durch starkes Anwachsen der Konkurrenzpopulation unterdrückt werden kann. Jede Art tendiert dazu, logistisch zu wachsen, d.h. bis sie ihre Gleichgewichtspopulationsgröße erreicht hat ($N=K$, vgl. S. 91). Wenn an diesem Punkt ihre Anzahl nicht so groß ist, daß sie das Populationswachstum der anderen Art unterbindet, und die andere Art sich ebenso verhält, dann ist Koexistenz möglich.

In Abb. 3-16 haben wir ein erdachtes Beispiel mit zwei Schmetterlingsarten dargestellt, um die Beziehung zwischen logistischem Wachstum, Spezialisierung in unterschiedlichen Nischen und Exklusion durch Konkurrenz zu verdeutlichen. Hier ist die Komponente der Nische, in der sich die beiden Arten unterscheiden, der Ort, an dem die Schmetterlinge leben und sich vermehren. Wir hätten genau so gut die Zeit, in der sie leben und sich vermehren, unterschiedlicher machen können, oder den Teil des Waldes, den sie bevorzugen, oder jeden anderen Faktor aus einer Reihe ökologischer Eigenschaften, einzeln oder kombiniert mit anderen.

Als nächstes betrachten wir die in Abb. 3-17 und 3-18 dargestellten graphischen Modelle. Auf der Abszisse ist die Individuenzahl der Art 1 dargestellt, auf der Ordinate die der Art 2. Ein Punkt stellt jeweils eine Häufigkeitskombination der Arten 1 und 2 dar. Wir müssen beachten, daß wir in Abb. 3-17 als wichtigstes Postulat angenommen haben, daß ein Satz gemeinsamer Werte von N_1 (Abszisse) und N_2 (Ordinate) existiert, bei denen N_1, die Anzahl der Organismen der Art 1, weder zunoch abnimmt. Dieser Satz gemeinsamer Werte liegt auf der geraden Linie, die wir mit $dN_1/dt = 0$ bezeichnet haben. Ebenso existiert ein ähnlicher Satz gemeinsamer Werte, bei denen N_2, die Anzahl der Organismen der Art 2, stagniert; diese Werte liegen entlang der mit $dN_2/dt = 0$ bezeichneten Linie. Außerhalb ihrer Nullwachstumsgeraden nimmt die

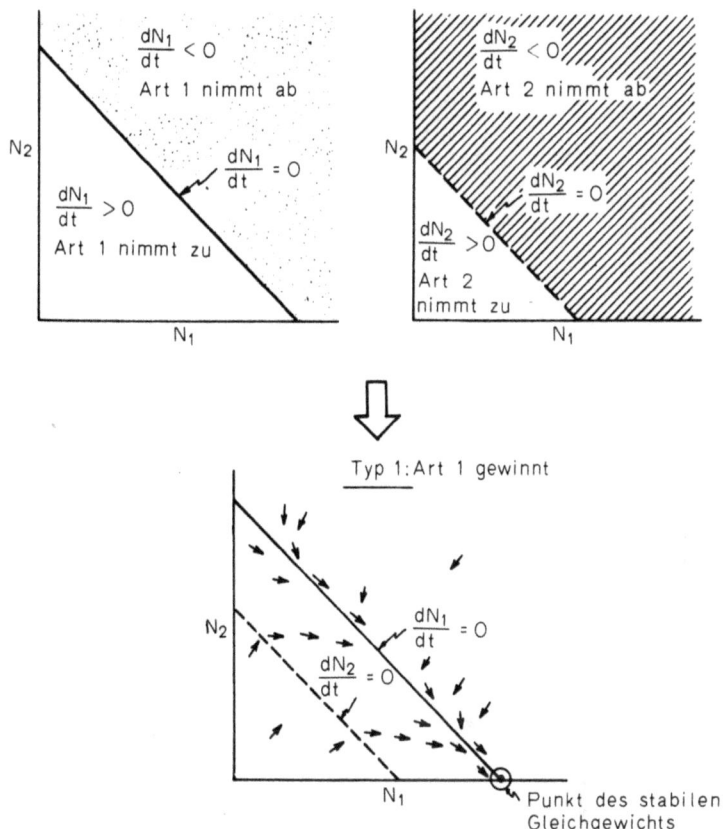

Abb. 3-17. *Konkurrenz zwischen zwei Arten.* Die Nullwachstumskurve für Art 1, bezeichnet mit $dN_1/dt=0$, liegt außerhalb der Nullwachstumskurve für Art 2, bezeichnet mit $dN_2/dt=0$. Als Folge davon verlaufen die Veränderungen der gemeinsamen Häufigkeiten, die durch Pfeile angedeutet sind, im Laufe der Zeit ständig zugunsten von Art 1 auf Kosten der Art 2 und führen schließlich zu der Verdrängung der Art 2

Population der erwähnten Art ab, denn dort ist die Anzahl der Organismen, die von der Umwelt erhalten werden müssen, zu groß. Innerhalb der Geraden nimmt ihre Zahl zu, denn die Kapazität der Umwelt ist noch nicht erreicht. Warum betrachten wir die Werte für N_1 und N_2 gemeinsam? Weil in jeder der beiden Geraden die Konkurrenz des jeweiligen Partners mit berücksichtigt ist. Ein Anwachsen von N_1 bedeutet, daß der Art 2 etwas weggenommen wird, wodurch deren Wachstumsrate gesenkt wird; und eine Zunahme von N_2 vermindert in gleicher Weise die Wachstumsrate der Art 1. Die Existenz der einen Art bewirkt außerdem, daß

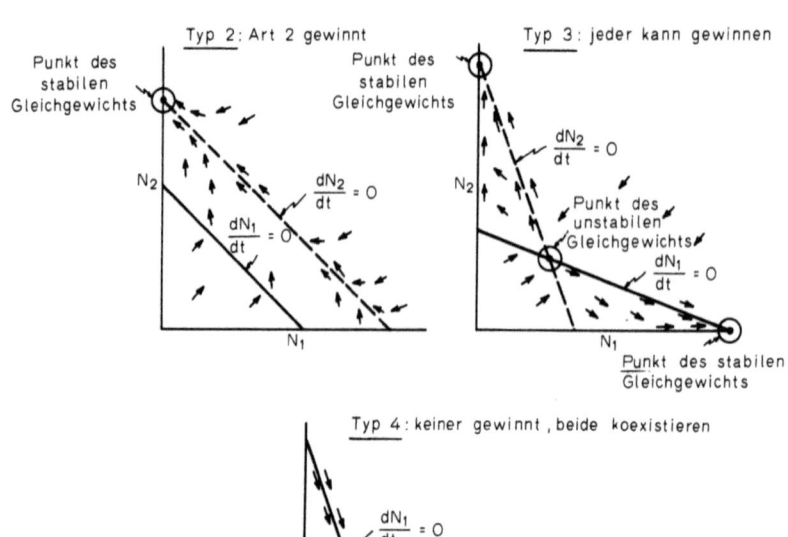

Abb. 3-18. *Konkurrenz zwischen zwei Arten.* Die restlichen drei der vier Möglichkeiten

die andere Art bereits bei einer geringeren Häufigkeit aufhören wird zu wachsen. Das ist der Grund, warum die Geraden in der beschriebenen Weise von einer Achse zur anderen verlaufen. Wir sehen z.B., daß je höher der Wert von N_1 ist, desto niedriger ist der Wert von N_2, bei dem Art 2 zu wachsen aufhört, d.h. der Wert von N_2, bei dem $dN_2/dt = 0$.

Betrachten wir jetzt das Populationswachstum der beiden Arten gleichzeitig. Im Fall 1 liegt die Nullwachstumslinie für Art 1 außerhalb der für Art 2. Wenn wir nun eine Häufigkeitskombination zwischen den beiden Geraden annehmen, dann bedeutet dies, daß die Art 1 zunimmt, während Art 2 abnimmt. Die gemeinsame Häufigkeit der beiden Arten wird sich mit der Zeit in der von den Pfeilen angezeigten Richtung verändern: N_1 positiv, N_2 negativ, bis sie schließlich den Gleichgewichtspunkt erreichen, bei dem $N_2 = 0$ ist. Also wird Art 2 durch die Konkurrenz unerbittlich vernichtet. Wir erhalten dasselbe Ergebnis, gleichgültig, ob die Ausgangsposition der gemeinsamen Häufigkeiten der zwei Arten innerhalb oder außerhalb oder zwischen den beiden Geraden liegt.

Die vier möglichen Endergebnisse der Konkurrenz lassen sich am besten verstehen, wenn wir die Abb. 3-17 und 3-18 genau betrachten und selbst Pfeile auftragen, die die gemeinsamen Häufigkeiten bezeichnen. Am interessantesten ist das Ergebnis in Fall 4, das uns die Bedingungen angibt, die für eine stabile Koexistenz erforderlich sind.

Wie können diese abstrakten Darstellungen mit der intuitiven Erklärung in Verbindung gebracht werden, die wir vorher für die stabile Koexistenz gegeben haben? Erinnern wir uns, daß wir gesagt haben, die beiden Arten müßten, um für unbegrenzte Zeit nebeneinander existieren zu können, ihr Wachstum einstellen, bevor sie so viele Individuen erzeugen, daß sie das Wachstum der konkurrierenden Art ins Negative umkehren. Ihre eigenen dichteabhängigen Mechanismen verursachen einen Wachstumsstopp, bevor sie den Konkurrenten ausschalten. Dies ist in Abb. 3-18, Fall 4, dargestellt. Wenn Art 1 wächst und Art 2 abnimmt, so erreichen beide irgendwann einen Punkt, an dem dieser Vorgang sich umkehrt. Art 1 ist dann so zahlreich, daß ihre eigenen dichteabhängigen Kontrollen ihr Wachstum anhalten, aber – da ihre Nische unterschiedlich genug ist – ist sie nicht so zahlreich, daß sie Art 2 am Wachsen hindern kann. Eine analoge Situation ergibt sich für Art 2. Schließlich erreicht die gemeinsame Häufigkeit irgendwo den stabilen Gleichgewichtspunkt, an dem (theoretisch!) keine weitere Veränderung im Zeitablauf mehr stattfindet.

Soll unsere Analyse vollständig sein, so müssen wir die Theorie noch in Form von Wachstumsgleichungen ausdrücken. Warum haben wir insbesondere die Nullwachstumskurven als gerade Linien mit negativer Neigung aufgetragen? Dies geht auf die Form der Grundgleichungen für die Konkurrenz zurück, die auf den einfachstmöglichen Annahmen über die Wechselbeziehungen zwischen zwei Arten beruht. Wenn eine Art, sagen wir Art 1, allein existiert, so können wir erwarten, daß ihr Wachstum zumindest ungefähr in Übereinstimmung mit der logistischen Gleichung

$$\frac{dN_1}{dt} = r_1 N_1 \left(\frac{K_1 - N_1}{K_1} \right)$$

verläuft, in der jeder Ausdruck den Index 1 erhält und damit aussagt, daß sein Wert sich auf die Art 1 bezieht. Wenn N_1 den Wert K_1 erreicht, so ist $dN_1/dt = 0$, oder mit anderen Worten: das Wachstum hört auf. Jetzt wollen wir die Art 2 in unser Modell einführen. Seine Existenz vermindert die Kapazität der Umwelt für die Art 1. Es ist offensichtlich, daß die Kapazität K_1 um den Betrag reduziert werden muß, den Art 2 der Umwelt entzieht und der seinerseits wieder der Anzahl der Individuen der Art 2 proportional ist. Im einfachsten Fall ist dieser Betrag αN_2, wobei

α eine Konstante darstellt. Wir können jetzt die logistische Gleichung für die Art 1 neu schreiben, indem wir die Wirkung des Konkurrenten mitberücksichtigen:

$$\frac{dN_1}{dt} = r_1 N_1 \left(\frac{(K_1 - \alpha N_2) - N_1}{K_1}\right)$$

$$= r_1 N_1 \left(\frac{K_1 - N_1 - \alpha N_2}{K_1}\right).$$

Art 2 wird durch Art 1 analog wie folgt beeinflußt werden:

$$\frac{dN_2}{dt} = r_2 N_2 \left(\frac{(K_2 - \beta N_1) - N_2}{K_2}\right)$$

$$= r_2 N_2 \left(\frac{K_2 - N_2 - \beta N_1}{K_2}\right).$$

Diese *Konkurrenzgleichungen* besagen einfach, daß die Präsenz der einen Art das den anderen zur Verfügung stehende Angebot der Umwelt (ausgedrückt durch K) verringert. Die Konstante α wird als *Konkurrenzkoeffizient* der Art 2 in bezug auf die Art 1, die Konstante β als Konkurrenzkoeffizient der Art 1 in bezug auf die Art 2 bezeichnet. Nehmen wir an, die Arten 1 und 2 seien kleine Crustaceen, z.B. Wasserflöhe, die um eine begrenzte Produktion von Algenzellen konkurrierten, und ein Individuum der Art 2 fräße 2 Zellen für jede Zelle, die ein Individuum der Art 1 verzehrt. Dann ist, was die Kapazität der Umwelt für Art 1 anbetrifft, die Existenz eines Individuums der Art 2 gleichbedeutend mit der Existenz von 2 Individuen seiner eigenen Art. Anders ausgedrückt: $\alpha = 2$.

Setzen wir beide Konkurrenzgleichungen gleich null, so erhalten wir die zwei Nullwachstumskurven, die wir in der weiter oben dargestellten Analyse benutzt haben:

$$\frac{dN_1}{dt} = r_1 N_1 \left(\frac{K_1 - N_1 - \alpha N_2}{K_1}\right) = 0 \qquad \text{Art 1}$$

$N_1 = K_1 - \alpha N_2$ \qquad Nullwachstumskurve für Art 1

$$\frac{dN_2}{dt} = r_2 N_2 \left(\frac{K_2 - N_2 - \beta N_1}{K_2}\right) = 0 \qquad \text{Art 2}$$

$N_2 = K_2 - \beta N_1$ \qquad Nullwachstumskurve für Art 2

Als nächstes setzen wir zunächst N_1 und dann N_2 gleich null in jeder der beiden entsprechenden Nullwachstumskurven und erhalten so die Werte der Achsenschnittpunkte. (Siehe Abb. 3-19.)

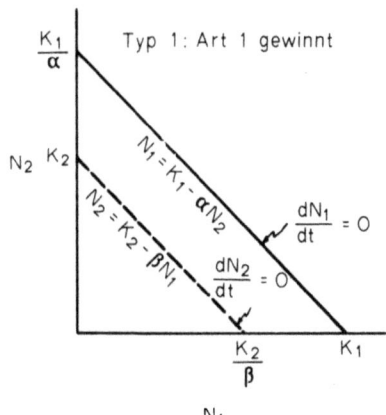

Abb. 3-19. *Nullwachstumskurven* zweier konkurrierender Arten (Typ 1)

Aufgabe: Zwei Arten konkurrieren in der durch die Konkurrenzgrundgleichungen beschriebenen Form miteinander. Einige Zeit lang lag die Populationsgröße der Art 1 bei 100 und die ihres Konkurrenten, der Art 2, bei 700 Individuen. Der Konkurrenzkoeffizient ist für beide Arten gleich und beträgt 0,7. Welche Populationsgröße könnte jede der Arten bei Nichtexistenz des Konkurrenten haben?

Antwort: Um dieses Problem lösen zu können, benötigen wir die Werte von K_1 und K_2. Die Populationen befinden sich offensichtlich in einem Gleichgewichtsstadium ($N_1 = 100$; $N_2 = 700$), so daß wir die Gleichungen für die Nullwachstumskurven benutzen können. Für die erste Art ist

$$N_1 = K_1 - \alpha N_2$$
$$100 = K_1 - 0,7 \times 700$$
$$K_1 = 590.$$

Für die Art 2 gehen wir ebenso vor:

$$N_2 = K_2 - \beta N_1$$
$$700 = K_2 - 0,7 \times 100$$
$$K_2 = 770.$$

Kapitel IV. Biogeographie:
Theorie des Gleichgewichts der Arten

Die lebende Welt ist in mehr oder weniger isolierte Einheiten aufgegliedert. Sie existiert zu einem großen Teil entweder auf „wirklichen" Inseln, d.h. Landkörpern, die aus dem Meer herausragen, oder auf „Habitatinseln", d.h. in Habitatbereichen, die von anderen Habitaten mit deutlich anderem Charakter umgeben sind. Abb. 4-1 verhilft uns zu einem unmittelbaren Verständnis dieser Betrachtungsweise der Natur. Wir müssen dabei beachten, daß eine geographische Einheit, um für einen Vogel eine Insel darzustellen, die Größe der Bermudas oder Kubas haben muß, während für ein Insekt eine einzelne Fichte inmitten eines Feldes eine Insel ist und einem Mikroorganismus ein Teelöffel voll Wasser als Insel dient. Auf den Inseln leben Artgruppen, die als mehr oder weniger unterschiedliche Lebensgemeinschaften abgrenzbar sind. Bei der Untersuchung solcher Einheiten haben Ökologen und Biogeographen das Ziel vor Augen, die Grundsätze und Regeln kennenzulernen, die den Artenzuwachs während der Siedlungsperiode bestimmen, weiter wollen sie etwas über das schließlich erreichte Gleichgewichtsniveau und die Einwanderungs- und Aussterberaten der Arten im ganzen Verlauf des Prozesses erfahren. Der folgende Abschnitt wird uns mit der grundlegenden Theorie über dieses Thema bekanntmachen, das erst in jüngster Zeit mathematisch formuliert worden ist und noch ausführlicher untersucht und erweitert wird.

Die Areal-Arten-Kurve

Sehr grob gesagt wächst mit der Zunahme der Inselgröße die Anzahl der Arten einer gegebenen taxonomischen Einheit wie etwa die dritte bis vierte Wurzel des Inselareals. Als Beispiel können wir die Reptil- und Amphibienfaunen der Westindischen Inseln (Abb. 4-2) anführen. Hier ist $S = CA^{0,301}$, wobei S die Anzahl der Arten bedeutet, A das Areal der Insel und C den Wert von S, wenn $A = 1$ ist (sein Wert ist für unsere Zwecke nicht von Bedeutung). Beachten wir, daß die Koordinaten in der Abbildung doppelt logarithmisch aufgetragen sind, so daß sich eine gradlinige Areal-Arten-Kurve ergibt; da $\log S = \log C + 0{,}301 \log A$, ist der Tangens des Neigungswinkels der Geraden 0,301.

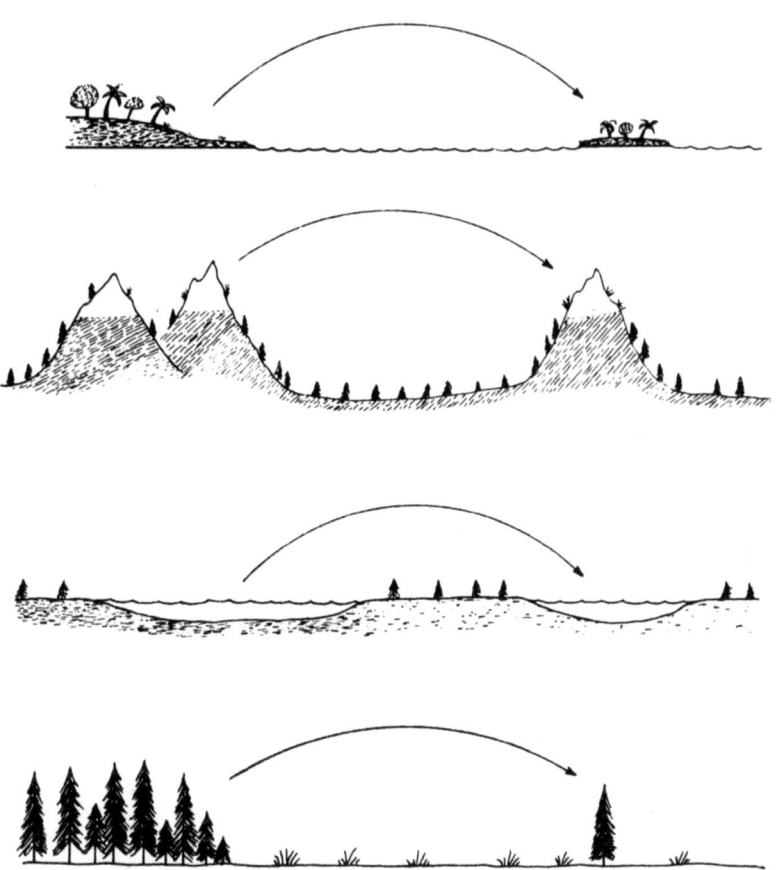

Abb. 4-1. *„Wirkliche Inseln"* (oben) und „Habitatinseln" (untere drei) werden mit Hilfe der gleichen quantitativen Theorie untersucht

---

Aufgabe: Nehmen wir an, wir sind Entomologen und erforschen die Ameisenfauna Südostasiens. Wir haben gerade eine gründliche Untersuchung einer kleinen Insel (Fläche 100 qkm) abgeschlossen und festgestellt, daß sie zehn Ameisenarten beherbergt. Frühere Forschungen haben ergeben, daß Ameisen-Areal-Arten-Kurven bei doppelt logarithmischer Aufzeichnung eine Neigung von ungefähr 0,30 besitzen. Wir wollen als nächstes eine viel größere Insel (Fläche 10 000 qkm) erforschen. Es ist die Anzahl der Arten auf dieser größeren, noch unerforschten Insel zu schätzen.

Antwort: Anhand der gerade erhaltenen Information stellen wir fest, daß in den meisten Fällen $S = CA^{0,30}$ gilt. Wir wissen von der Insel, die wir erforscht haben, daß $10 = C \times 100^{0,30}$. Wir könnten hier nun C berechnen und dann nach 10000 auflösen, aber es ist besser, wenn wir die Sache abkürzen und einfach die beiden Gleichungen dividieren, C herauskürzen und direkt nach dem unbekannten S auflösen, wie folgt:

$$\frac{S}{10} = \frac{C \times 10000^{0,30}}{C \times 100^{0,30}}$$

$S = 40$ Ameisenarten.

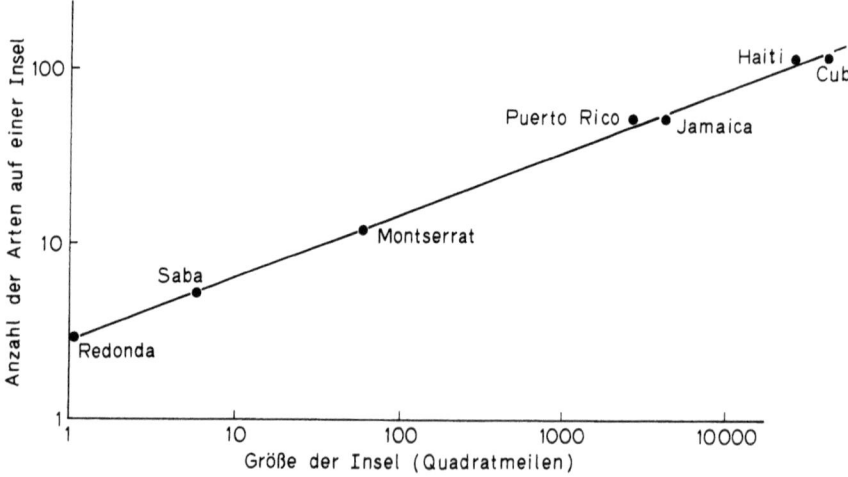

Abb. 4-2. *Areal-Arten-Kurve* von Reptilien und Amphibien auf den Westindischen Inseln

Das Gleichgewichtsmodell

Die Regelmäßigkeit der Areal-Arten-Beziehung sowie bestimmte Korrelationen, die zwischen der Neigung der Areal-Arten-Kurve und dem Grad der Isolierung der Insel beobachtet wurden, veranlaßten MacArthur und Wilson (1967), das folgende grundlegende Gleichgewichtsmodell zu konstruieren. Zunächst halten wir fest, daß in dem Maße, wie eine Insel sich mit Arten füllt, die gesamte Einwanderungsrate (λ_s),

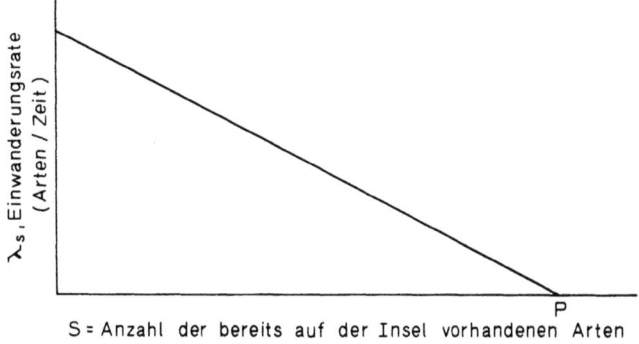

Abb. 4-3. *Einwanderungskurve*. In dem Maße, in dem Arten die Insel besiedeln, sinkt die Ankunftsrate neuer Arten

definiert als die Anzahl neu ankommender Arten pro Zeiteinheit, sinken müßte, wie dies in Abb. 4-3 dargestellt ist.

P stellt die Anzahl der Arten in dem „Pool" dar, d.h. die Anzahl, die in dem sie umgebenden Ursprungsbiotop festgestellt wurde. Achten wir darauf, daß die Einwanderungsrate gemäß Definition gleich null ist, wenn durch einen unwahrscheinlichen Umstand bereits P Arten auf unserer Insel bestehen.

Analog können wir erwarten, daß die Aussterberate (μ_S), definiert als die Geschwindigkeit, mit der die bereits auf der Insel befindlichen Arten aussterben, ansteigt, wie in Abb. 4-4 dargestellt. Zur Vereinfachung wenden wir hier das lineare Modell an, bei dem die Kurven der Raten als gerade Linien dargestellt werden. Man könnte eine beachtliche Zahl von Ab-

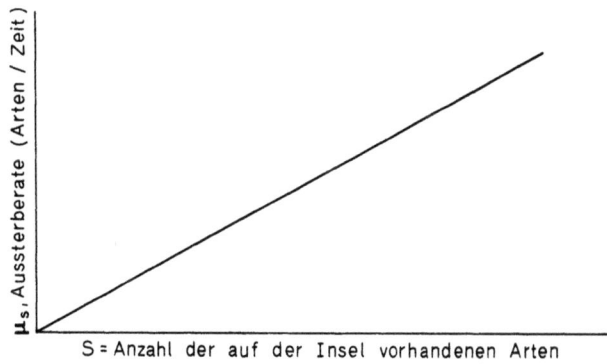

Abb. 4-4. *Aussterbekurve*. In dem Maße, wie die Arten die Insel besiedeln, wächst die Geschwindigkeit, mit der sie aussterben

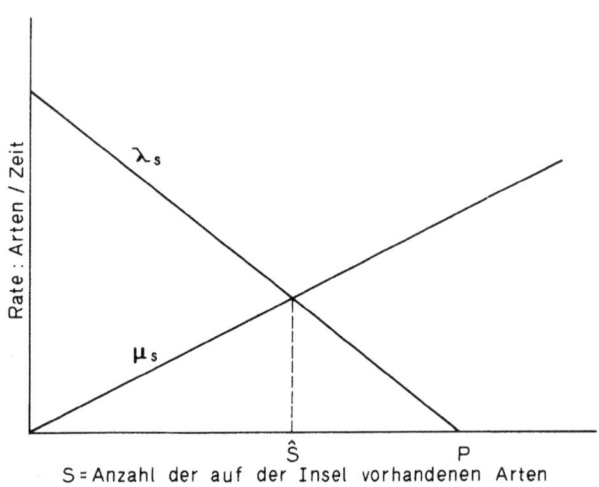

Abb. 4-5. *Grundmodell des Artengleichgewichts.* Im Punkt $\hat{S}$ ist eine ausreichende Anzahl von Arten vorhanden, so daß die Aussterberate gleich der Einwanderungsrate ist

änderungen in der genaueren Form der Kurven rechtfertigen, jedoch würden sich dadurch die grundsätzlichen Folgerungen, die wir aus dem Modell ziehen, nicht verändern.

Wenn $\lambda_S = \mu_S$, dann befindet sich die Anzahl der Arten im Gleichgewicht; diese Anzahl der Arten bezeichnen wir mit S (siehe Abb. 4-5).

Wie groß ist nun also die Gesamteinwanderungsrate (λ_S), angegeben als die Anzahl der Arten pro Zeiteinheit, wenn bereits S Arten vorhanden sind? Zunächst betrachten wir die durchschnittliche Einwanderungsrate pro Art, wenn S Arten bereits vorhanden sind. Nennen wir sie λ_A. Die Gesamteinwanderungsrate ist dieser Wert λ_A (in dem linearen Gleichgewichtsmodell eine Konstante), multipliziert mit der noch nicht auf der Insel befindlichen Anzahl an Arten: $\lambda_A (P-S)$. Als nächstes: wie groß ist die Gesamtaussterberate der Arten pro Zeiteinheit? Sie ist die durchschnittliche Aussterberate pro Art μ_A, in unserem einfachen Modell ebenfalls eine Konstante, multipliziert mit der bereits auf der Insel vorhandenen Anzahl von Arten: $\mu_A S$. Schließlich: wie groß ist die Zuwachsrate in der Zeit (dS/dt) der auf der Insel befindlichen Artenzahl? Sie ist gleich der Gesamteinwanderungsrate minus der Gesamtaussterberate:

$$\frac{dS}{dt} = \lambda_S - \mu_S \qquad (1)$$

$$= \lambda_A (P-S) - \mu_A S.$$

Im Gleichgewichtsstadium ist dS/dt gemäß Definition gleich null, so daß

$$\frac{dS}{dt} = \lambda_A(P - \hat{S}) - \mu_A \hat{S} = 0$$

$$S = \hat{S}.$$

(Beachten wir, daß im Gleichgewicht die Anzahl der Arten als $\hat{S}$ bezeichnet wird.)
Formen wir die Gleichung um:

$$\hat{S} = \frac{\lambda_A P}{\lambda_A + \mu_A}. \tag{2}$$

Aufgabe: Eine kleine Insel, die einer größeren Ursprungsinsel mit 210 Arten von Arthropoden vorgelagert ist, verlor ihre gesamte Fauna. Nach kurzer Zeit lebten auf der kleinen Insel wieder 10 Arthropodenarten, die Gesamteinwanderungsrate wurde auf eine Art in jeweils 5 Tagen und die Gesamtverlustrate auf eine Art in je 10 Tagen geschätzt. Es soll nun anhand des linearen Modells die Gleichgewichtszahl der Arten berechnet werden.

Antwort: Anhand des linearen Modells können wir vorhersagen $\hat{S} = \lambda_A P/(\lambda_A + \mu_A)$. P ist gegeben mit 210 Arten. λ_A (die durchschnittliche Einwanderungsrate) ist die Gesamteinwanderungsrate, dividiert durch die noch nicht auf der Insel befindliche Anzahl von Arten, oder $(1/5)/(210-10) = 0{,}001$. μ_A (die durchschnittliche Aussterberate) ist die Gesamtaussterberate, dividiert durch die Anzahl der bereits auf der Insel lebenden Arten, oder $(1/10)/10 = 0{,}01$. Setzen wir diese Werte in die Gleichung ein, so erhalten wir $\hat{S} \approx 19$ Arten.

Wir haben gerade gesehen, wie das lineare Gleichgewichtsmodell dazu benutzt werden kann, die schließlich erreichte Gleichgewichtszahl der Arten zu berechnen, wenn wir die Einwanderungs- und Aussterberaten kennen. Jetzt wollen wir diesen Vorhersageprozeß umkehren. Wir argumentierten, daß

$$\frac{dS}{dt} = \lambda_A(P - S) - \mu_A S.$$

Der Leser, der über die erforderlichen Kenntnisse der Differentialrechnung verfügt, sollte versuchen, die folgende Lösung dieser Differentialgleichung nachzuvollziehen. Wer unter den Lesern diese Kenntnisse nicht hat, sollte dennoch unser Vorgehen genau verfolgen.

$$S = \frac{\lambda_A P}{\lambda_A + \mu_A}(1 - e^{-(\lambda_A + \mu_A)t}). \tag{3}$$

Wenn t sehr groß wird, nähert sich $e^{-(\lambda_A + \mu_A)t}$ null und S nähert sich $\hat{S}$ ($= \lambda_A P/(\lambda_A + \mu_A)$), wie wir bereits in Gl. (2) festgestellt haben. Wir benutzen die Annäherungsrate an das Gleichgewicht zur Ableitung der *Umsatzgleichung*, die die Umsatzrate (=Aussterberate=Einwanderungsrate) im Gleichgewichtspunkt angibt. Als erstes wählen wir willkürlich einen Bruchteil von $\hat{S}$, sagen wir 90% von $\hat{S}$ oder 0,9 $\hat{S}$. Dann multiplizieren wir beide Seiten der Gl. (2) mit 0,9 und erhalten

$$0{,}9\,\hat{S} = \frac{\lambda_A P}{\lambda_A + \mu_A} \times 0{,}9. \tag{4}$$

Vergessen wir nicht, daß $S = 0{,}9\,\hat{S}$ aufgrund einer willkürlichen Annahme; als nächsten Schritt wenden wir Gl. (3) an und finden

$$S = 0{,}9\,\hat{S} = \frac{\lambda_A P}{\lambda_A + \mu_A}(1 - e^{-(\lambda_A + \mu_A)t_{0,9}}). \tag{5}$$

Vergleichen wir Gl. (4) und Gl. (5), so ergibt sich

$$1 - e^{-(\lambda_A + \mu_A)t_{0,9}} = 0{,}9,$$

wobei $t_{0,9}$ die Zeit bezeichnet, die erforderlich ist, um die Insel bis zu 90% ihrer Gleichgewichtszahl aufzufüllen. Durch Umschreiben der Gleichung und Logarithmieren (der Leser sollte das zur Übung selbst versuchen) erhalten wir

$$t_{0,9} = \frac{2{,}3}{\lambda_A + \mu_A}, \tag{6}$$

wobei (was wir nicht vergessen dürfen!) λ_A und μ_A die *durchschnittlichen* Einwanderungs- bzw. Aussterberaten darstellen. Wir können hier aufhören und die Gleichung sofort anwenden, aber wir wollen sie erst in eine sinnvollere Form bringen, indem wir die Gesamtraten λ_S und μ_S einsetzen. Zur Erleichterung des Verständnisses machten MacArthur und Wilson (1967, S. 38) den vereinfachenden Schritt, daß sie $\lambda_A = \mu_A$ sein ließen, so daß

$$t_{0,9} = \frac{2{,}3}{2\mu_A} = \frac{1{,}2}{\mu_A} \text{ gilt.}$$

Multiplizieren wir jetzt die rechte Seite der Gleichung mit $\hat{S}/\hat{S}=1$, so erhalten wir (für diesen speziellen Fall)

$$t_{0,9} = \frac{1,2\,\hat{S}}{\mu_{\hat{S}}}, \tag{7}$$

wo $\mu_{\hat{S}}$ die Gesamtaussterberate im Gleichgewichtspunkt ist.

Aufgabe: Von einer Reihe kleiner, ungestörter Inseln hat jede ungefähr 30 Pflanzenarten. Mehrere Jahre lang durchgeführte Untersuchungen der Flora haben ergeben, daß die durchschnittlichen Einwanderungsraten ungefähr gleich den durchschnittlichen Aussterberaten sind; die Gesamtaussterberate liegt diesen Untersuchungen zufolge bei einer Art pro Jahr und Insel. Ein heftiger Wirbelsturm an einem Septembertag führt zu der völligen Vernichtung der Vegetation auf einer der Inseln. Wie lange wird es dauern, bis die Flora wieder, sagen wir, 90% ihrer ursprünglichen Zahl erreicht hat?

Antwort:

$$t_{0,9} = \frac{1,2 \times 30 \text{ Arten}}{1 \text{ Art/Jahr}} = 36 \text{ Jahre}.$$

Aufgabe: Hier ist nun ein der Wirklichkeit entnommenes Beispiel: Die in der Sundastraße zwischen Sumatra und Java gelegene Insel Krakatau erlitt 1883 einen furchtbaren Vulkanausbruch, der ihre gesamte Fauna zerstörte. Später besiedelten Vögel (sowie fast alle anderen wichtigen Elemente der Fauna und Flora) die Insel und erreichten in einem Zeitraum von 36 Jahren offenbar ein Gleichgewicht von 27 Arten. Unter Benutzung des elementaren Gleichgewichtsmodells ist die Umsatzrate im Gleichgewichtspunkt vorherzuberechnen.

Antwort:

$$\mu_{\hat{S}} = \frac{1,2 \times 27}{36} = 0,9 \text{ Arten/Jahr}.$$

Aus den Daten von K. W. DAMMERMANN erhielten MACARTHUR und WILSON eine geschätzte minimale Umsatzrate von 0,4 Arten/Jahr. Ähnliche Annäherungen, die größenordnungsmäßig korrekt sind, sind seitdem von dem Grundmodell abgeleitet worden, und zwar für Besiedlungsdaten von Bodenorganismen des Süßwassers, sowie inselbewohnenden Insekten und anderen Arthropoden.

Aufgabe: Versuchen wir unsere Überlegungen jetzt ein bißchen flexibler zu machen, indem wir λ_A *nicht* gleich μ_A setzen. Nehmen wir an, die kleinen Inseln hätten ihre 30 Arten von einem in der Nähe liegenden, 130 Arten beherbergenden Festland bezogen. Wieder nehmen wir eine Gesamtimmigrationsrate pro Insel von je einer neuen Art pro Jahr an. Bevor wir weitergehen: Wie groß sind λ_A und μ_A?

Antwort Gemäß Definition ist λ_A die durchschnittliche Einwanderungsrate, die gleich ist der Gesamteinwanderungsrate (1 Art pro Jahr), dividiert durch die Anzahl der Arten des „Pools"; die *nicht* auf der Insel vorhanden sind ($P - \hat{S} = 130 - 30 = 100$). Also ist $\lambda_A = 1/100$. Wie groß ist nun μ_A? Wir wissen, daß – da die Inseln sich im Gleichgewicht befinden – die Gesamtaussterberate gleich der Gesamteinwanderungsrate (oder 1 Art pro Jahr) ist. μ_A ist gemäß Definition die Gesamtaussterberate, dividiert durch die Anzahl der bereits auf der Insel befindlichen Arten: $\mu_A = 1/30$.

Aufgabe: Eine der Inseln wurde durch einen Sturm völlig leergefegt. Wie lange wird die Insel brauchen, um 90% der ursprünglichen Artenzahl wiederzugewinnen?

Antwort: Anhand von Gl. (6) ist $t_{0,9} = 2,3/(1/100 + 1/30) = 53$ Jahre. Denken wir daran, daß wir, um dieses Problem zu lösen, bei dem wir nicht als selbstverständlich $\lambda_A = \mu_A$ annahmen, P kennen mußten, um λ_A berechnen zu können. Außerdem sollten wir uns immer vor Augen halten, daß wir bei der Berechnung genauer zahlenmäßiger Lösungen in diesem und in den vorhergehenden Beispielen nur unser Verständnis der Theorie festigen wollten. Die experimentelle Arbeit ist noch nicht bis zu dem Stadium vorgedrungen, in dem wir die Präzision der auf dem linearen Modell beruhenden Formeln angemessen bewerten können; immerhin sind bereits ausreichend viele Untersuchungen durchgeführt worden, um sagen zu können, daß diese Formeln in Fällen rascher Besiedlung zumindest annähernd zutreffen.

Aufgabe: Wie lange würde es dauern, bis die leergefegte Insel 90% ihrer ursprünglichen *Artenzusammensetzung* wiedererlangt hat? (Wir müssen etwas über den Wortlaut der Frage nachdenken und eine Antwort versuchen, bevor wir weitermachen.)

Antwort: Die Frage liegt außerhalb der Theorie. Diese gibt uns nur die *Anzahl* der Arten, nicht die tatsächliche Identität, d.h. die Zusammensetzung, der Arten. Ist uns der Unterschied klar? Es wäre möglich, die Frage nach der Zusammensetzung durch eine Ausweitung des linearen Modells zu lösen, aber dann müßten wir uns der komplexen Wahrscheinlichkeitstheorie bedienen, und bisher hat noch niemand den Versuch gemacht. Es ist sicher, daß im Durchschnitt eine sehr lange Zeit vergehen müßte, bevor die neue Flora 90% der Arten der alten Flora enthielte, und dies wäre dann nur eine vorübergehende Situation. Kann der Leser sagen, warum das so ist?

Bedeutung von Arealgröße und Entfernung

Es ist leicht einzusehen, daß sich auf einer größeren Insel mehr Arten im Gleichgewicht befinden als auf einer kleinen, die gleich weit von dem Ursprungsgebiet entfernt ist (Abb. 4-6). Dieser *Arealeffekt* (den wir bei den Areal-Arten-Kurven schon veranschaulicht gesehen haben) beruht auf der Tatsache, daß auf der kleineren Insel kleinere Populationen leben, die häufigerer Vernichtung unterliegen. Die λ_S-Kurve ist für beide Inseln ungefähr gleich, denn sie sind gleich weit von dem Herkunftsgebiet entfernt und erhalten von ihm annähernd die gleiche Anzahl von Siedlern; ebenso ist die Anzahl der Arten in dem Auswanderungsgebiet P gleich für beide Inseln.

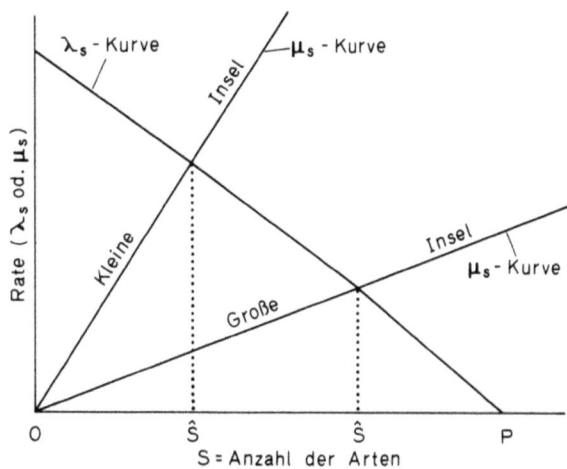

Abb. 4-6. *Arealeffekt*. Eine Zunahme der Inselfläche senkt die Aussterbekurve und hebt dadurch die Anzahl der Arten im Gleichgewichtszustand

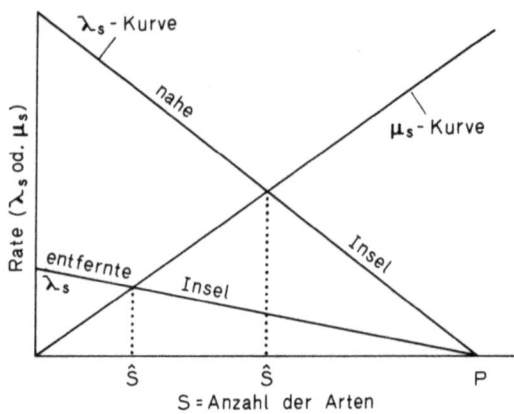

Abb. 4-7. *Entfernungseffekt*. Eine Vergrößerung des Abstandes von dem Auswanderungsgebiet senkt die Einwanderungskurve und damit ebenso die Anzahl der Arten im Gleichgewichtszustand

Als nächstes können wir das Ergebnis bei der umgekehrten Situation ableiten, bei der die Fläche der beiden Inseln gleich, ihre Entfernung von dem Auswanderungsgebiet aber verschieden ist. In diesem Fall müßte auf der näher gelegenen Insel eine größere Anzahl von Arten im Gleichgewicht sein (Abb. 4-7). Die Basis für dieses Postulat eines *Entfernungseffekts* ist die a priori Annahme, daß die weiter entfernte Insel eine geringere Einwanderungsrate hat.

Wenn wir jetzt die gesamte Beweisführung der Umsatzgleichung und die Abschätzung des Areal- und des Entfernungseffekts verstehen, so sind wir in der Lage, die Gleichgewichtstheorie etwas flexibler anzuwenden. Versuchen wir uns beispielsweise an den nächsten beiden Aufgaben.

Aufgabe: In einem tatsächlich durchgeführten Experiment wurde auf einer Reihe sehr kleiner Mangroveninseln in den Florida Keys die Insektenfauna durch Methylbromidbehandlung vernichtet und die darauf einsetzende Wiederbesiedlung genauer Beobachtung unterzogen. Die Fauna der am weitesten entfernt liegenden Insel erreichte ihre alte Gleichgewichtszahl langsamer, als dies bei einigen anderen Inseln der Fall war, die nicht so weit von dem Auswanderungsgebiet entfernt lagen. Wie hätten wir aufgrund der auf dem linearen Gleichgewichtsmodell beruhenden Gleichungen dieses Phänomen vorhersagen können? (*Hin-*

weis: von den graphischen Modellen allein läßt sich die Antwort nicht ableiten.)

Antwort: Sehen wir uns die Gl. (3) an. Entfernter gelegene Inseln sollten ein kleineres λ_A haben, da einfach weniger Siedler in der Lage sind, dorthin zu gelangen. Entsprechend den Ausdrücken des linearen Modells sollte μ_A nicht mit der Entfernung variieren. Das bedeutet, daß der Ausdruck $e^{-(\lambda_A+\mu_A)t}$ sich langsamer an null annähert, wenn t wächst, und folglich nähert sich S auf den entfernteren Inseln langsamer an $\hat{S}$ ($=\lambda_A P/(\lambda_A+\mu_A)$) an.

Aufgabe: Nehmen wir eine große und eine kleine Insel an, die von dem Auswanderungsgebiet gleich weit entfernt sind. Würden sie ihr Gleichgewicht zur gleichen Zeit erreichen? Wenn nicht, welche würde ihr Gleichgewicht zuerst erreichen?

Antwort: Sehen wir uns wieder die Gl. (3) an und erinnern wir uns an die Beziehung zwischen μ_A und dem Areal. Die kleinere Insel müßte einen größeren μ_A-Wert aufweisen und daher schneller ihr Gleichgewicht finden.

Aufgabe: Zwei Inseln, eine groß, die andere klein, sind sonst ähnlich; vor allem haben sie ähnliche Umweltbedingungen und sind von der Auswanderungsregion gleich weit entfernt. Eine Vogelart kolonisiert beide Inseln in demselben Jahr. Auf welcher der Inseln entwickeln sich die Siedler mit größerer Wahrscheinlichkeit zu einem endemischen Stadium?

Antwort: Die Gleichgewichtstheorie besagt, daß die Siedler das endemische Stadium mit größerer Wahrscheinlichkeit auf der größeren Insel erreichen. Der Grund für dieses Ergebnis mag uns nicht gleich einleuchten. Eine Betrachtung der graphischen Analyse, die zu dem „Arealeffekt" führte, wird uns zeigen, daß die größere Insel, mit ihrem höheren $\hat{S}$, einen niedrigeren μ_A-Wert aufweist, d.h. eine niedrigere durchschnittliche Sterberate ($=$ Neigung der μ_S-Kurve). Eine niedrigere durchschnittliche Aussterberate bedeutet eine größere durchschnittliche Lebensdauer pro Art und daher eine größere Wahrscheinlichkeit, daß eine Population lange genug besteht, um sich zu einer endemischen Art zu entwickeln. In der Tat stellt es sich, wenn man in Archipelen die einzelnen Inseln untersucht, als allgemein richtig heraus, daß nicht nur die absolute Anzahl endemischer Arten mit dem Areal der Insel steigt, sondern auch ihr Prozentsatz.

Aufgabe: Diese Aufgabe wendet sich an Leser mit einem besonderen Interesse an graphischen Analysen. Selbst wenn der eine oder andere unter den Lesern sie nicht lösen kann, so sollte er die anschließend gegebene Lösung studieren, um diese Art der Annäherung an das Problem zu verstehen. Die Aufgabe lautet: Mache eine Vorhersage über die Form der Siedlungskurve im Zeitablauf, vom Beginn der Besiedlung bis zum Erreichen des Gleichgewichts.

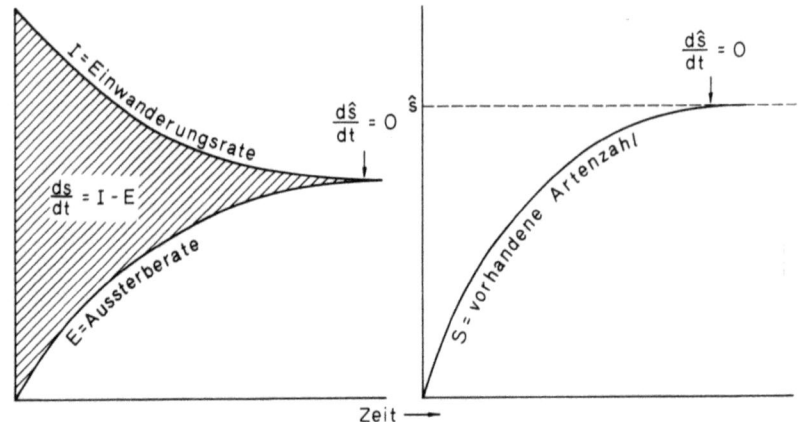

Abb. 4-8. *Gestalt der Besiedlungskurve.* Während der Besiedlung einer leeren Insel sinkt allmählich die Einwanderungsrate, während die Aussterberate ansteigt, bis beide Raten gleich sind und somit Artengleichgewicht besteht (links). Wir erhalten die Besiedlungskurve als Summe der Unterschiede von Einwanderung und Aussterben im Verlauf der Zeit (rechts)

Antwort: Die Diagramme in Abb. 4-8 bedürfen fast keiner Erklärung. Die Rate, mit der die Anzahl der vorhandenen Arten (S) zunimmt (dS/dt), ist nichts anderes als der Unterschied zwischen der Rate, mit der neue Arten eintreffen (I) und der Rate, mit der alte Arten aussterben (E). Wenn $E=I$, dann ist dS/dt gleich null, und gemäß Definition herrscht Gleichgewicht. Die Anzahl der vorhandenen Arten folgt einer ansteigenden Kurve, wie in der Abbildung rechts zu sehen ist. Die Rate, mit der die Kurve ansteigt, nimmt jedoch ständig ab, denn I und E laufen vom Beginn unserer Betrachtung an aufeinander zu, und ihre Differenz ($dS/dt = I - E$) nimmt daher ständig ab. Um es genauer zu sagen: die auf der Insel existierende Anzahl von Arten ist das Integral von $I-E$ über die Zeit, ein Wert, dessen Zuwachsrate immer mit der Zeit abnimmt. Einige wirkliche Beispiele von Siedlungskurven sind in Abb. 4-9 dargestellt.

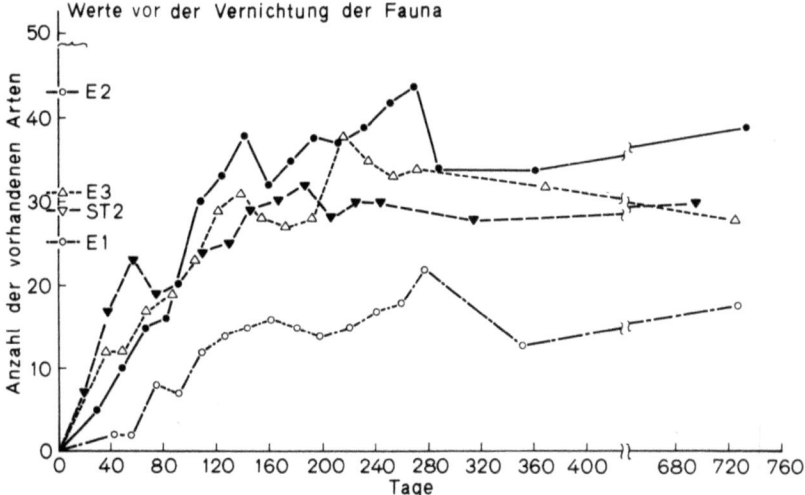

Abb. 4-9. *Besiedlungskurven* von Insekten und anderen Arthropodenarten auf kleinen Mangroveninseln in den Florida Keys. Die ursprünglich vorhandenen Faunen wurden durch Behandlung mit Methylbromid entfernt und die darauffolgende Wiederbesiedlung anhand häufiger Zählungen beobachtet. [Aus: SIMBERLOFF, D.S., WILSON, E.O.: Ecology **51**, 934–937 (1970)]

Literaturhinweise

Biologie. Hrsg. CZIHAK, G., ZIEGLER, H., LANGER, H. Berlin–Heidelberg–New York: Springer 1974 (In Vorbereitung)

BRESCH, C., HAUSMANN, R.: Klassische und molekulare Genetik. 3. Aufl. Berlin–Heidelberg–New York: Springer 1972

CLARK, L. R., GEIER, P. W., HUGHES, R. D., MORRIS, R. F.: The Ecology of Insect Populations in Theory and Practice. London: Methuen 1967

FISHER, R. A.: The Genetical Theory of Natural Selection. Oxford: Clarendon Press 1930

HADELER, K. P.: Mathematik für Biologen. Heidelberger Taschenbücher Bd. 129. Berlin–Heidelberg–New York: Springer 1972

HASELOFF, O. W., HOFFMANN, H.-J.: Kleines Lehrbuch der Statistik. 4. Aufl. Berlin: W. de Gruyter-Verlag 1970

HESS, D.: Genetik. Freiburg–Basel–Wien: Herder 1972

MACARTHUR, R. H., CONNELL, J. H.: Biologie der Populationen. München–Basel–Wien: BLV Verlagsgesellschaft 1970

MACLULICH, D. A.: University of Toronto Studies. Biology Series no. 43. Toronto: University of Toronto Press 1937

ODUM, E.: Ökologie. 2. Aufl. München–Basel–Wien: BLV Verlagsgesellschaft 1972

SACHS, L.: Statistische Methoden. 2. Aufl. Berlin–Heidelberg–New York: Springer 1972

SACHS, L.: Statistische Auswertungsmethoden. 3. Aufl. Berlin–Heidelberg–New York: Springer 1972

SCHWERDTFEGER, F.: Demökologie. Hamburg–Berlin: Parey-Verlag 1968

SPERLICH, D.: Populationsgenetik. Grundlagen der modernen Genetik Bd. 8. Stuttgart: G. Fischer-Verlag 1973

Sach- und Namenverzeichnis

Aberrationen, Chromosomen- 15–17
Albinismus 49
Allesfresser 130
Altern, Evolution 112
Altersstruktur, stabile 113–116
Aneuploidie 16
aquatisches Ökosystem 136
Areal-Arten-Kurve 150–152
Arealeffekt, Biogeographie 159–160
arktisches Ökosystem 129
Artengleichgewicht 152–163
—mannigfaltigkeit 132–134, 151–163
—zusammensetzung 158–159
Aussterbekurve, Arten- 153
Auswanderung 7, 122

Balancierter Polymorphismus 57–61
Bastardierung 42
Bergmannsche Regel 35
Besiedlung 122, 150, 159, 161
Besiedlungskurve 162–163
Binomialverteilung 6, 20, 74
Biogeographie 150–163
—, Arealeffekt 159–160
biologische Schädlingsbekämpfung 125
Biomasse 138–139
—pyramide 139

Cactoblastis cactorum 125
Carnivoren 116, 127, 130, 136
Chromosomenaberrationen 15–17
—mutationen 15–17
CLARK, L. R. 96
CONNELL, J. H. 122, 124
CROW, J. F. 40, 68, 80

DAMMERMAN, K. W. 157
DARWIN, C. R. 14
Darwin-Wallace Theorie 14
Deletion, Chromosomen- 16–17
Demographie 100–116
dichteabhängige Einflüsse 94–95
dichteunabhängige Einflüsse 94–95

disruptive Selektion 43–44
DNS 15–16, 19
Dollosche Regel 35
Drift, s. genetische Drift 34, 74–80
Drosophila 23, 25, 26, 33, 51, 62
Duplikationen, Chromosomen- 15–17
dynamische Selektion 43–44

Eignung 45–46, 50
Einwanderungskurve der Arten 153
Elektrophorese 62
endemische Arten 161
Energiefluß 127, 134–141
Energiepyramide 139
Entfernungseffekt, Biogeographie 160
Entropiemaß 132
Erblichkeit 43, 68–70
Escherichia coli 21, 23, 25
Etablierung neutraler Gene 80–82
EULER, L. 105
Euler-Gleichung 105–109
Evolution, Definition 13–15
Evolutionsfaktoren 34–36
Exklusionsprinzip 142
exponentielles Wachstum 8–10, 84–90

FALCONER, D. S. 52, 68
Fauna der Westindischen Inseln 150–152
Feinde 116–128, 135–144
Fertilität 101–103
FISHER, R. A. 34, 74, 108
Fitness 45–46, 50
Fitness Set 64–68
Fleischfresser 116, 127, 130, 136
Frequenz-abhängige Selektion 57
Frequenz-unabhängige Selektion 57
Fruchtbarkeit 101–103

Gametenselektion 40
GAUSE, G. F. 142
Gausesches Prinzip 142
Geburtsrate, individuelle 8–9, 86
– von Räuber und Beute 118

gegenseitige Kompensation 95
GEIER, P. W. 96
gemeinsame Wirkung von Mutation
 und Selektion 55
gemeinsame Wirkung von Genfluß
 und Selektion 56–57
Genetische Drift, 34, 74–80
– Last 61–63
Genfluß 34, 40–42
gerichtete Selektion 43–44
geschlechtliche Vermehrung, Bedeutung
 der 33–34
GOLDSCHMIDT, R. 27
Gründerprinzip 76

HADELER, K. P. 3
HALDANE, J. B. 34
Hämoglobinevolution 59–61, 81
HARDY, G. H. 30
Hardy-Weinberg Formel 30–32, 46
HASELOFF, O. W. und HOFFMANN, H. J. 7
Häufigkeitsverteilung 5
Herbivoren 116, 127, 130, 136
Heterosis 57
Heterozygote, Überlegenheit der 57–58
HUBBY, J. L. 63
HUGHES, R. D. 96

Indirekte Selektion 23–24
Informationsgehalt 132
Intrinsic rate of increase
 (spezifische Zuwachsrate) 8, 87–90
Inversion, Chromosomen- 15–17
Iso-Allele 24, 62–63
Isozyme 24, 62–63

JUKES, T. H. 82

K (Kapazität der Umwelt) 11, 90–91,
 97–98
K-Selektion 98–100
Kapazität der Umwelt 11, 91
KIMURA, M. 40, 68, 80
Kolonisation 112, 150, 159, 161
Kompensation, gegenseitige 95
Konkurrenz 141–149
–gleichung 148
Krakatau 157

LAMARCK, J. B. DE 14
Last, genetische 61–63

Läuse, Wachstum der Population 88
Lebensdauer und Populationsgröße
 140–141
LEDERBERG, E. M. 23
LERNER, I. M. 68–69
LEVINS, R. 64
LEWONTIN, R. C. 63
LI, C. C. 51, 68
logistisches Wachstum 8–12, 90–93
LOTKA, A. J. 105, 117
Lotka-Volterra-Gleichungen 117–124
Luchs, Populationszyklen 121

MACARTHUR, R. H. 122, 124, 152,
 156–157
MACLULICH, D. A. 121
Malthusischer Parameter 86
marines Ökosystem 138
Massenwirkungsgesetz bei Räuber-
 Beute Beziehungen 118
MEDAWAR, P. B. 112
Meiotic Drive 40
MENDEL, G. 75
Mendelpopulation, Definition 28
Mensch, genetische Vielfalt 33
–, Populationswachstum 88–90
–, Reproduktionswert 111
MERRELL, D. J. 52
Migrationsdruck 42
Mittelwert, Definition 5
Monosomie 16
MORRIS, R. F. 96
MULLER, H. J. 61
mutagene (Gen-ändernde) Substanzen 19
Mutationen, chemische Basis 15–19
–, Chromosomen- 15–17
–, Definition 15
–, Gleichgewicht 38
–, Raten 24–26, 37
–, Rückmutationen 26
–, Zufall 19–24
Mutationsdruck, als Evolutionsfaktor
 36–39, 55
Mutationsgleichgewicht 38
mutator Gene 26

Nahrungsketten 127, 136–137
Nahrungsspezialisierung 130
Nahrungssystem 127–131, 136
Nahrungswechsel des Räubers (Um-
 schaltereaktion) 129

Natürliche Auslese 42–47
Neo-Darwinismus 15
Nettoreproduktionsrate 102–104
nicht-Darwinsche Evolution 82
Nische, ökologische 142–144
Normalverteilung 6–7
Nullwachstumskurven 123–125, 144–149

ODUM, E.P. 121
ökologische Genetik 36
– Nische 142–144
–r Wirkungsgrad 135–136
Ökosystem, aquatisches 136
–, arktisches 129
Ökosysteme, Stabilität in 127–131
Omnivoren (Allesfresser) 130
optimaler Ertrag 97–98, 110–111
Opuntien 125
Oryzaephilus 143–144
Oszillation der Populationsgröße 120–125

Panmixie 28
Parasitismus 116, 127
Parasitoide 116
Pflanzenfresser 116. 127. 130. 136
physiologischer Stress 122
Plankton 138–139
Poisson-Verteilung 21–22
Polygene 68
Polymorphismus, genetischer 57–61
Polyploidie 16
Populationsgröße, Oszillation der 120–125
Populationsschwankungen 120–127
Populationswachstum 7–12, 84–89
– –, von Räuber und Beute 118–127, 139–141
Populationszyklen 120–125
Präadaptation 22–24
Produktion 135
Proteinevolution 81–82
Proteinuhren 81–82
PTH (Phenylthiocarbamid) 32
Pyramiden der Biomasse und der Energie 139

r (Populationswachstum) 8, 86–88, 104–108
r-Selektion 98–100
Refugium 124–125, 146–147

Reproduktionswert 108–112
Röntgenstrahlen, mutagene Wirkung 18
ROSENZWEIG, M. 122–124
Rückmutation 26
RYAN, F.J. 18, 21, 22, 25

SAGER, R. 18, 21, 22, 25
Salmonella 39
Schädlingsbekämpfung 125–128
–, biologische 125
Schneehase, Populationszyklen 121
Segregation-Distorter-Locus (SD) 40
Selektion 42–55
–, disruptive 43–44
–, Frequenz-abhängige 57
–, Frequenz-unabhängige 57
–, gerichtete 43–44
–. indirekte 23–24
–, K- 98–100
–, r- 98–100
–skoeffizient 46
Shannon-Wiener-Informationsgehalt 132
Sichelzellenanämie 59–61
Spezifische Zuwachsrate (intrinsic rate of increase) 8, 87–90
stabile Altersstruktur 113–116
„Stabilität durch Vielfalt"-Regel 129–132
Stabilität in Ökosystemen 127–131
Standardabweichung 5
Sterberate, individuelle 8, 86
–, von Räuber und Beute 118
Stress, physiologischer 122
Subspezies (Unterart) 67
Synthetische Theorie 15

Theorem der natürlichen Selektion 70–74
Thropieebenen 127–131, 135–138
Translokation, Chromosomen- 15–17
Tribolium 143–144
Trisomie 16

Überlegenheit der Heterozygote 57–58
Überdominanz 57
Überlebenskurve 101
Umsatz, Definition 139
– der Arten, Biogeographie 156–160
– in der Population 134–141
–rate 156
Umschaltereaktion (Nahrungswechsel des Räubers) 129
Unterart (Subspezies) 67

Varianz, Definition 5
–, genetische 69–72
–, phänotypische 69–72
–, umweltbedingte 69
Vererbung erworbener Eigenschaften 14
Verhulst-Pearlsche logistische Gleichung 91–92
Verteilung, Binomial- 6, 20, 74
–, Normal- 6–7

Volterra, V. 117
Volterra-Prinzip 126–127

Wachstum, exponentielles 8–10, 84–90
–, logistisches 8–12, 90–93
–, Populations- 7–12, 84–89
Wallace, A.R. 14
Wallace, B. 68
Wilson, E.O. 152, 156–157
Wright, S. 34

Heidelberger Taschenbücher

Biologie

3 **Virus und Molekularbiologie** von W. Weidel
  2. Aufl. Mit 26 Abb. VIII, 160 Seiten. 1964
  DM 5,80. ISBN 3-540-3161-8

4 **Einführung in die Humangenetik** von L. S. Penrose
  2. Aufl. Mit 29 Abb. 141 Seiten. 1973
  DM 12,80. ISBN 3-540-06283-1

5 **Biologie der Antibiotica** von H. Zähner
  Mit 68 Abb. VIII, 113 Seiten. 1965
  DM 8,80. ISBN 3-540-03325-4

53 **Biochemie – Übungsfragen** von H. M. Rauen
  VIII, 123 Seiten. 1969
  DM 9,80. ISBN 3-540-04548-1

54 **Mathematik für Mediziner und Biologen** von G. Fuchs
  Mit 90 Abb. XII, 212 Seiten. 1969
  DM 12,80. ISBN 3-540-04549-X

57/58 **Molekulare Strahlenbiologie** von H. Dertinger und H. Jung
  Mit 116 Abb. XI, 256 Seiten. 1969
  DM 16,80. ISBN 3-540-04552-X

59/60 **Strahlen-Biochemie** von C. Streffer
  Mit 69 Abb. XI, 196 Seiten. 1969
  DM 14,80. ISBN 3-540-04553-8

84 **Einführung in die industrielle Mikrobiologie** von H.-J. Rehm
  Mit 96 Abb. XII, 241 Seiten. 1971
  DM 14,80. ISBN 3-540-05157-0

89 **Transplantationsbiologie** von G. L. Floersheim
  Mit 16 Abb. VIII, 155 Seiten. 1971
  DM 14,80. ISBN 3-540-05453-7

115 **Molekular- und Mikroben-Genetik** von F. Kaudewitz
  Mit 301 Abb. 20 Tab. XIV, 426 Seiten. 1973
  DM 16,80. ISBN 3-540-06024-3

116 **Biochemie antimikrobieller Wirkstoffe** von T. J. Franklin und G. A. Snow
  Mit 75 Abb. 183 Seiten. 1973
  DM 16,80. ISBN 3-540-6034-0

121 **Humanbiologie** Hrsg. von H. Autrum und U. Wolf
  Mit 33 Abb. 202 Seiten. 1973
  DM 14,80. ISBN 3-540-06150-9

125 **Stofftransport der Pflanzen** von U. Lüttge
  Mit 97 Abb. 280 Seiten. 1973
  DM 19,80. ISBN 3-540-06230-0

Preisänderungen vorbehalten

Mathematik für Biologen

von **K. P. Hadeler**

52 Abb.
Etwa 240 Seiten
1973
(Heidelberger
Taschenbücher
Band 129)
DM 14,80
ISBN
3-540-06236-X

Springer-Verlag
Berlin
Heidelberg
New York
London   München   Paris
Sydney   Tokyo   Wien

Das vorliegende Buch ist aus Vorlesungen für Biologie-Studenten an der Universität Tübingen entstanden. Es enthält eine kurze Einführung in die Grundbegriffe der Analysis, linearen Algebra und der Stochastik, wobei der axiomatischen Fundierung und der vollständigen Beweisführung keine große Bedeutung beigemessen wird. Statt dessen werden die Begriffe und Fragestellungen in ihrem Bezug zu biologischen Problemen erläutert. Dies Vorgehen soll den Biologie-Studenten zur Beschäftigung mit der Mathematik motivieren. Der Motivation und zugleich der Vertiefung des Stoffes dienen auch einige Abschnitte, in denen mathematisch etwas anspruchsvollere Modelle aus der Ökologie, Genetik, Neurophysiologie, Epidemietheorie etc. behandelt werden. Diese Abschnitte liefern Anwendungsbeispiele zu Vorlesungen für Mathematik-Studenten. Jedem Abschnitt ist eine Anzahl Aufgaben beigefügt, die den Stoff erweitern.

MIX
Papier aus verantwortungsvollen Quellen
Paper from responsible sources
FSC® C105338

If you have any concerns about our products,
you can contact us on
ProductSafety@springernature.com

In case Publisher is established outside the EU,
the EU authorized representative is:
**Springer Nature Customer Service Center GmbH
Europaplatz 3, 69115 Heidelberg, Germany**

Printed by Libri Plureos GmbH
in Hamburg, Germany